★ EDBA 擎天商學院 ★

借力與整合的秘密

The Secret Of
Leverage &
Resource Integration

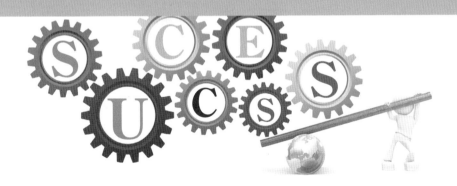

亞洲八大名師首席

王擎天 /著

|推薦序| 我不是奇葩！他才是！

　　我與擎天兄相識於高中時期，我們是建中高一 24 班同班同學。他坐我旁邊，我當時因為廣泛做了各版本參考書的題目，所以考試時很多題目看到就已經知道答案了（這是否代表命題老師不負責任：考試命題都直接去抄參考書的題目？），數學一科幾乎都考滿分，因而被譽為奇葩！但後來大學聯考數學一科我只考了 92 分，同屆的數學高手沈赫哲也沒有考滿分，反而是王擎天數自與數社都考了滿分，他的歷史與地理也考了滿分，轟動當時啊，所以其實我不是奇葩！他才是！

　　原本我以為像他這樣的數理資優生，應該是讀醫科的料，但沒想到他在高二時，因對文字創作更感興趣，為了主編校刊與其他刊物（還說將來要開出版社），竟然選了社會組就讀！

　　在種種條件的限制下，擎天兄仍帶領團隊排除萬難，出版了象徵建中精神的《涓流》等刊物，證明了人定確可勝天，也足見其文學造詣不凡，不愧為當年紅樓十大才子之一。

　　大學畢業服完兵役後，我們都找到了機會出國深造，身處美國的東西兩岸，擎天兄學成後即返台服務，我則留在美國繼續發展。前幾年我們因緣際會又見了一次面，也了解了

他的近況，當年那位傳奇的熱血青年居然真的投入了出版事業，憑著一支手與一隻筆，他將昔日的夢想實現了。我們都知道，追求熱愛的興趣需要勇氣，要放棄天賦異稟的才能卻需要更多勇氣；然而，尤為可貴者，擎天兄自理想與現實中取得了平衡點，將興趣、專長相輔相成。

擎天兄不遺餘力地投入知識服務文創產業，他將文化創意結合所長的數學邏輯，因此字裡行間處處可見他那高人一等的理性思維，文中的觀點獨樹一格，卻又不流於標新立異。一本著作能擁有這般的深度、廣度與效度，不可不謂是圖文傳播事業中又一場的華麗。時至今日，擎天兄擁有台大經濟學士、美國加大 MBA 與統計學博士的高學歷，更榮登當代亞洲八大名師與世界華人八大明師尊座。但即使在諸多響亮頭銜的包圍下，他仍不曾懈於對知識文化的耕耘，如此多元的學識背景，加之對世間人事物的關懷，令他筆下的辭藻猶如浴火的鳳凰般直衝天際，在他宏偉抱負的感召之下，我們果然看到：文字的力量已為這個社會帶來了全新的氣象。

如今的他，不僅已是財經培訓與教育界的權威，在非文學領域的創作上更佔有一席之地。他對大千世界傾注了全部的熱情，並且善於微觀這個大而複雜的天地，也樂於分享自己從生活中覓得的寶藏。熱愛學習的他，更是熱衷於向大師取經學習，總是不遠千里赴中國、美國上了不少中外名師的課程與講座，有幾次他在美國的行程還是我接待他的。聽聞

擎天兄在台灣開辦如何揭露成為鉅富的秘密課程——擎天商學院系列佳評如潮，轟動培訓界，為嘉惠其他未能有幸上到課的讀者朋友們，於是與出版社合作將這些經典課程文字化，推出這一系列秘密套書，是融合其多年的實戰驗證確實有效的精華，價值數百萬以上。跟著擎天兄這樣的大師學習全球最新的知識，跟上時代趨勢的腳步，無論您是才剛起步或已上軌道，擎天商學院都能助您攀向巔峰！祝福各位了。

永遠的建雛

沈○邦

|前言| 教你借力使力，從巨人的肩膀出發

　　自 25 年前至 5 年前，台灣補教界傳奇名師王擎天博士，以其「保證最低 12 級分」的傳奇式數學教學法轟動升大學補教界！同時王擎天博士前後於兩岸創辦並成功經營了共計 19 家文創事業，期間又著書百餘冊，成為兩岸知名暢銷書作家。但最為傳奇的故事仍是王博士 5 年前成立王道增智會投身入成人培訓志業，「王道增智會」下轄十大組織，其中「擎天商學院」共有 30 堂秘密系列課程，上過此課程的會員均稱受用匪淺、受益良多！尤其對創業者與經營事業者有如醍醐灌頂，有效幫助他們在事業上的成長，可謂上了這 30 堂秘密系列課程之後，勝過所有商學院事業經營系學分之總合！

　　雖然擎天商學秘密系列內容豐富精彩且實用而深受學員歡迎，然而這 30 堂秘密系列課程是只限王道會員能報名學習的，更令人可惜的是王道增智會僅收五百人。以致於即使佳評如潮，推薦不斷，受惠者也只有王道的五百名會員。因實在是太可惜與可貴了，敝社於是和王博士情商合作，由總編輯親率編輯團隊與攝錄製團隊，花費兩年時間，全程跟拍擎天商學院全部秘密系列課程，出版了整套資訊型產品：包括了書（紙本與電子版）、DVD、CD 等影音圖文全紀錄，以書和 DVD 的形式來嘉惠那些想一窺 30 堂秘密課程的讀者

們，才有了這套書的誕生！同時本系列套書是王博士送給子女最寶貴的傳家之寶，礙於王博士常年事業繁忙，女兒在美國杜克大學留學，兒子在攻讀研究所，與其子女相聚時間甚少，王博士希望能將自己畢生所學的商業知識及智慧親授給他的子女，更是毫無私心地傾囊相授他的心血經驗，傳承意味濃厚，更願傳予有緣同道者珍藏，一窺其堂奧。

這本《借力與整合的秘密》是王擎天博士融合多年的經營事業、創業的實戰經驗而得出的精華，機密指數破表，可以說是價值數百萬元以上！本書教授個人或企業如何資源整合巧借力，借別人的力，借工具的力，借平台的力，借系統的力，用最少的力氣創造最大的績效。可以租賃，何必擁有？可以借力，何必傾盡「洪荒之力」？教你借他人的「腦袋」、「錢袋」，創造百倍效益，賺自己的錢，發展自己的事業！

「借力」是生存競爭的第一法則，所以荀子說：「有才能的人，並非生來與常人有什麼不同，只不過善於借助外物罷了！」所謂善假於物，其實就是我們今天常說的整合資源、利用既存資源的能力。

很多成功者之所以成功並不是因為他的能力有多強，而是他能整合更多的資源。我們也把這個叫「借力」。馬云當初創業並不懂得網路，可是他會利用人才、整合資源，所以他有今天的成就。

「借力」就是「借用」自己以外的各種力量，幫助自己

解決問題或者克服僅僅依靠自己之力難以完成之任務。台灣富商陳永泰深有感觸地說：「聰明的人都是透過別人的力量去達成自己的目標。」

多位企業家都說過：「能利用別人賺錢的人，才能賺大錢。」這個世界上有真才實學的人，大部分最終都為別人所用，成為別人的工具，因為他們全心投入在自己專精的才學，沒想過可以借助利用別人。漢高祖劉邦，帶兵打仗，不如韓信；運籌帷幄，不如張良；治國安邦，不如蕭何。真本事沒有一項比過別人，但他照樣獲得了成功，正如韓信所說：「我會帶兵，但高祖會領將。」這句話說明創業者可以沒有資源，但是必須要有整合資源的能力。

猶太經典《塔木德》上說：「這個世界已經準備好了一切你所需要的資源，你所要做的僅僅是用智慧將它們有機地組合起來。」瓦特、史蒂文生借了蒸汽之力、牛頓借了萬有引力，紅頂商人胡雪巖借了左宗棠的政治力。都是讓別人的力量成為你的力量。

如果你想縮短成功的時間，就得學會如何整合他人的資源，將自己的產品、品牌或價值形象，與別人的產品、通路結合，靈活運用外部資源，借用他人之手，你就能啟動槓桿原理，用最小成本，創造數百倍效益。

現在是一個合力共贏的年代，如果將很多人集中起來，發揮每個人的優勢與特點去做同一樣事情，很複雜的事情都

會變得簡單，人們因為團結與優勢互補所創造出來的力量和價值是不可小看的。

　　一個人的力量與資源其實有限，但是經過組織和協調，將團隊成員本身的能力、經驗、人脈整合起來，就能夠擴大社交圈子，整合資源的機會就會更多，發揮 1+1 大於 2 的效果， 這就是資源整合。只有懂得團結聯盟，懂得借力與整合身邊的資源，才能發揮微小力量創造無限價值。

　　資源整合，說穿了就是跨界，現代所有成功者都在跨界，跨到另外一個領域去， 忽然就變得不一樣了。沒有不變的消費者，人的想法會變，習慣也會膩，人心多變，客戶更是如此。所以做生意，要隨時想供需，想著如果要滿足這些客戶需求，需要提供哪些價值？而這些價值又可轉換成價格與獲利。所以，未來的競爭，不再是產品的競爭、不再是通路的競爭，而是資源整合的競爭，是終端消費者的競爭。當你看到了有一群人擁有未被滿足且願意付費的需求，就要積極去深入研究與發掘，這才是你競爭力來源。「螞蟻金服」就是這樣竄起的，它沒有銀行卻打造了中國最大的貨幣基金。螞蟻金服的前身就是阿里巴巴的「支付寶」，淘寶網在 2013 年推出一強大服務──用戶能將在「支付寶」中網購時剩下的零錢轉去「餘額寶」，直接買「天弘增利寶貨幣基金」，最低門檻只要人民幣 1 元，每日計息，年化收益率可以達 5% 以上，大受年輕人歡迎。「餘額寶」正是螞蟻金服旗下的一項餘額

增值服務和活期資金管理服務。它滿足了支付寶使用者想要用少少錢就能投資賺點利息錢的需求，並且在手機上就可以輕鬆購買，只要新台幣五元就可以存基金，正因為「螞蟻金服」顛覆傳統銀行的做法，正視消費者的需求，只專注做「小單」，用跨界創新，賦予市場新的價值，讓新的目標客群感受到新價值，願意買單。使得而這檔貨幣型基金上架三年就累計超過了 8000 億人民幣，立刻變成全世界最大的一支基金。金融界想都沒想到，怎麼淘寶會擁有全世界最大的基金，這就是跨界。

誰能夠持有資源，持有消費者用戶，不管他消費什麼產品、消費什麼服務，你都能夠盈利的時候，你才能夠保證你的利益，才能立於不敗之地。所以，我們要趁機盡可能地去跨界！去穿越！去混搭！才是我們事業發展的出路。

你若是抗拒就是不跨界，那別人會跨界來把你原本有的東西也都給搶走了。

- 所以你大可以搭別人的船，走別人的路，過別人的橋，用別人的店……但是，賺自己的錢！
- 使得行業不在行業之中，而在行業之外。
- 商業不在商業之中，而在商業之外。
- 世界不在世界之中，而在世界之外……

當你發現了個商機，一個可行的事業，知道消費者有一

個痛點急需被解決,想創業的你,首先不是自己投資大筆資金或資產,而是借力打力,去整合資源,找到那些有能力做得比你更專業的人,把他們串聯起來,就能省力很多。

張三豐所創的太極拳,看似無力,但其精妙之處卻是能夠借力打力。白手起家,不等於空手套白狼。創業家在資源極端窘迫的劣勢情境下,往往能善用手邊資源,以化整為零方式,資源整合,利用團隊力量借力使力、以小博大。

太極拳的精妙之處在於一個「借」字,善於借也就具備較強的資源整合能力。船王張榮發先生一九六八年獨資成立長榮海運,靠著借錢、借船走上白手創業一途,打造長榮自己的貨船,放手一搏。中國的乳製品生產企業蒙牛,在成長過程中就運用了太極拳中借力打力。傳統思維是先建工廠,後建市場,蒙牛是逆向思維——「先建市場,後建工廠」,借助外部力量發展壯大自己,從而成為中國乳業中的黑馬。

資源當然是重要的,但如果資源不能有效運用,是不會帶來價值的。因此,比資源本身更重要的是整合資源的能力。做生意的高手就是要學會利用別人手裡的錢和物,通過整合別人的力(資源)變成自己的力(資源)。

成功,不在於你能做多少事,而在於你能借多少人的力去做多少事!你一定要學會借用別人的力量、腦袋來為自己所用——你有本事,我利用你的本事,你聰明,我用你的聰明。用這些借力哲學在職場中借人脈、借權力、借平台,在

商場上借資金、借資源、借人才。因為這是最省時省力，也是最快捷的辦法。

　　學會借力吧！由此，你便找到了槓桿的著力點，去撬動整個世界！

創見文化出版社
社長　蔡靜怡
總編輯　馬加玲　謹識

千萬經歷，不如輕鬆借力

借力，怎麼借？

3 Chapter

借力使力怎麼玩？

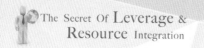

資源成就價值，整合凝聚力量

眾籌是槓桿借力的最佳落點

千萬經歷，
不如輕鬆借力

1 借力與整合才是最佳出路

　　「借力」的基礎在跨界，進入 21 世紀網路時代，即互聯網的時代，「網路學」的三大關鍵便是去核心化、去中間化、以及去邊界化。因此跨界變成一門顯學。請大家想像一下你在跑馬拉松，跑得很辛苦，遠遠地看到終點即將抵達，你終於要跑到了，就在這時，突然跑出一群人跑在你前面，於是那一群人囊括了冠軍、第二名、第三名……等，他們是從哪裡冒出來的呢？

　　為什麼現在生意越來越難做了呢？因為你的領域已經被人跨界佔領了。最有名的例子是馬云的支付寶，本來只是作為第三方支付工具，一夜之間變成「餘額寶」（讓用戶將支付寶裡面網購剩下的零錢轉去「餘額寶」，最低門檻只要人民幣一元就能投資基金），很多人不知道餘額寶其實就是支付寶，是一樣的東西，沒想到推出三年餘額寶裡面就累計有 8000 億人民幣，立刻變成全世界最大的一支基金。金融界想都想不到，怎麼淘寶會擁有全世界最大的基金，這就叫跨界。然後餘額寶再加上保險與其他金融商品，變成了全球最大的

金融服務公司：螞蟻金服。

這是一個跨界的時代，每一個行業都在整合，都在交叉，都在相互滲透。如果原來你一直享有獲利的產品或行業，在另外一個人手裡，突然變成一種免費的增值服務，你要如何競爭？如何生存？

《華爾街之狼》的真實主角喬登·貝爾福（Jordan Belfort），因涉嫌洗錢及詐欺入獄服刑，出獄後他憑著過人的口才和魅力當起講師，他在台上拿出一支筆，教你如何賣筆。一支筆無論你再強調它的品質如何地好，還是很難賣掉，但是如果這支筆有別的功能，它有跨到別的領域的功能呢？就很好賣了。我去美國上銷售課，華爾街之狼教授的絕招就是「跨界」，他賣的那支筆不僅能寫同時它還是一支按摩棒，把筆從書寫的領域跨界到按摩。所以那支筆雖然售價高達2000元，但依然很暢銷。因此如果能讓這個領域的東西還具有別的領域的功能，你就能賺大錢。

未來的競爭，不再是產品的競爭、不再是通路的競爭，而是資源整合的競爭，是終端消費者的競爭。

誰能夠持有資源，持有消費者用戶，不管他消費什麼產品、消費什麼服務，你都能夠盈利的時候，你才能夠保證你的利益，才能立於不敗之地。所以，我們要趁機盡可能地去跨界，這才是我們事業發展的出路。

② 資源整合就是借力統馭

　　蒙牛乳業集團創辦人牛根生說過，企業 90% 以上的資源都是被整合進來的。**創造資源很難，整合資源很容易；創造資源很慢，整合資源很快**。因此如果你想縮短成功的時間，就得學會如何整合他人的資源，將自己的產品，與別人的產品、通路結合，借他人之手，進入別人的市場，整合別人的魚池和自己的魚池成一個大魚池。

　　經營企業的過程是一個借力的過程，只有越來越多的人願意把力借給你，企業才會成功。所以說，不想盡力地後勤做好的領導，不是好領導。

　　成功不在於你能做多少事，而在於你能借多少人的力做多少事！一名成功的創業家，通常不是他的能力有多強，而是他能借用多少別人的力量，調動多少別人的資源來完成他自己的夢想。也就是說資源整合是企業、個人創業成功的一條捷徑。

　　整合的關鍵是互補，只有資源互補，才可能從整合到融合，最後達到契合。

整合是一種資源的優化，而不是誰拿走了資源！所謂花若盛開，蝴蝶自來是也！

資源是被吸引而來，而非要來的！

資源整合的方法各式各樣，但都逃不出一個黃金法則「互利、共贏」——我想要什麼？誰有我想要的？給對方他想要的，他就給我我想要的！

所以「利他」「互補」「共贏」就是整合的三大秘訣。幾乎所有的首富，都是整合了：**別人的資源與未來的財富，**而成就之。

我們常聽說那些首富，如比爾‧蓋茲有 700 億美金、巴菲特有 690 億美金，台灣郭台銘身價 2000 億，難道郭台銘在銀行就真的有 2000 億的存款嗎？當然沒有。而真實的情況是每年到報稅季節要繳所得稅時，郭台銘錢都不夠，所謂的錢不夠是指現金不夠。所以不夠時他會把他的股票質押給銀行，拿這筆錢去繳稅。可見那些首富都不是我們以為的那樣有幾百億的錢存在銀行，那麼，那些首富為什麼是首富？

因為他有資源，他有財富，而且財富是未來的財富。什麼叫未來的財富？什麼叫資本市場？什麼叫華爾街？什麼叫金融業，就是把你未來所有的收入貼現。就像你花 100 萬買一檔股票，這檔股票每年它可能可以帶給你 8 萬或 10 萬的收入，所以這檔股票值 100 萬，因為它未來會一直有收入。那為什麼有的股票收入只有 2 萬，股票卻值 200 萬，因為這家

公司的未來被看好，它可能現在配給你 2 萬，可能明年就能配 4 萬，後年配 8 萬，所以這檔股票未來會值 200 萬、300 萬、400 萬，一直漲上去。那些首富就持有很多這種股票，為什麼他持有很多張這種股票？因為那個公司是他創辦的。

所以，我開的眾籌班，它的最高目的是輔導人創業，並且股票上市，而且真的辦到了。我大陸的眾籌班已經有十分之一的學生所創辦的公司股票上市了，當然上市的不一定是主板市場，很多都是新三板市場，因為上市才能實現未來的價值。

另外一個重要的「借」是借資源，但很不幸的那些資源往往都是別人的，不是他的，那別人的資源為什麼要給他用呢？這就是本書的重點。

以下是中國的古書中談到借力的例子、故事：

《韓非子‧五蠹》：

故群臣之言外事者，非有分於從衡之黨，則有仇讎之忠，而**借力於國**也。（白話：那些談論外交問題的臣子們，不是屬於合縱或連衡中的哪一派，就是懷有借國家力量來報私仇的隱衷。）

《史記‧伍子胥列傳》：

不如奔他國，**借力以雪父之恥**。（白話：伍子胥卻認為，與其前去送死，不如逃亡他國，借力以雪父之恥。）

《水滸傳》第七四回：

　　燕青把任原直托將起來 頭重腳輕，**借力便旋**四五旋，旋到獻臺邊，叫一聲：下去！

荀子〈勸學篇〉有言：

　　「吾嘗終日而思矣，不如須臾之所學也；吾嘗跂而望矣，不如登高之博見也。登高而招，臂非加長也，而見者遠；順風而呼，聲非加疾也，而聞者彰。假輿馬者，非利足也，而致千里；假舟楫者，非能水也，而絕江河。君子生非異也，善假於物也。」（白話：我曾經整天思索，卻不如片刻學習到的知識多；我曾經跂起腳遠望，卻不如登到高處看得廣闊。登到高處招手，胳膊沒有比原來加長，可是別人在遠處也看見；順著風呼叫，聲音沒有比原來加大，可是聽的人聽得很清楚。借助車馬的人，並不是腳走得快，卻可以行千里，借助舟船的人，並不是能游水，卻可以橫渡江河。君子的本性跟一般人沒什麼不同，只是君子善於借助外物罷了。）

　　「借力」是生存競爭的第一法則，所以荀子說：「**有才能的人，並非生來與常人有什麼不同，只不過善於借助外物罷了！**」所謂善假於物，其實就是我們今天常說的整合資源、利用資源的能力。

　　所以，企業經營絕非引**「無源之水」**，栽**「無本之木」**。每一個企業領導者，都必然有其**「借力」的條件**，也就是其憑依的資源。說到底，資源整合就是借力統馭，善用彼此資源，創造共同利益罷了。

③ 與其盡力，不如聰明借力

　　一個成功的創業家，通常都不是他的能力有多強，而是他能借用多少力量（調動多少資源）來完成他的夢想，成就他的事業。

　　經營企業說到底還是經營人，管理說穿了就是「借力」。

　　經營企業的過程是一個借力的過程，只有越來越多的人願意把力借給你，企業才會成功。所以那些成功的創業家，靠的不是他個人能力有多強，而是他能夠整合更多的資源，我們也把這個叫「借力」。失敗的領導者以其一己之力解決眾人問題，而成功的領導者則是集眾人之力解決企業問題。

　　創業、研發、產品製造不一定都是要從零到一自己親力親為，善用「借力」才能讓你事半功倍。舉例來說，如果你的公司要舉辦「員工教育訓練」，活動要辦得成功，需要「活動企劃」、「場地」、「流程安排」、「主持人」……等等眾多事情要處理。但你不一定要自己舉辦活動，只要目的相同，你也可以借用「他人」之力，參加別人的「教育培訓營」。

　　以下與大家分享一個小故事。

　　有個窮人，窮困潦倒到吃不飽穿不暖，他跪在佛祖面前痛哭流涕，泣訴生活的艱苦，天天幹活累得半死卻挣不來幾個錢。哭了半晌他開始埋怨道：「這個社會太不公平了，為什麼富人，天天悠閒自在，而窮人就應該天天吃苦受累？」

　　佛祖微笑地問：「那麼，要怎樣你才覺得公平呢？」

　　窮人急忙說道：「要讓富人和我一樣窮，幹一樣的活，如果富人還是富人我就不再埋怨了。」

　　佛祖點頭道：「好吧！」說完佛祖就把一名富人變成了和窮人一樣窮的人。並一人分配給他們一座煤山，每天挖出來的煤當天可以賣掉去買食物，限期一個月之內要挖光煤山。

　　窮人和富人一起開挖，窮人平常做慣了粗活，挖煤這樣的勞動工作對他而言就是小菜一碟，沒多久他就挖了一車子的煤礦，拉去集市上賣了錢，用這些錢他全買了好吃的，拿回家給老婆孩子飽餐一頓。

　　而富人這邊因平時沒做過什麼粗重的活，挖一會就要停一會，還累得滿頭大汗。到了傍晚才勉強挖了一車煤礦，拉到集市上賣，換來的錢他只買了幾個硬饅頭，其餘的錢富人都先存了起來。

　　第二天窮人早早起床上工開始挖煤礦，富人卻是先去逛集市。不一會帶回兩名工人，這兩個工人體格甚是強壯，兩名工人一到煤山就立即開工為富人挖煤，而富人則站在一旁監督指揮著。只一上午的功夫，富人就指揮兩名工人挖出了

幾車煤礦出來，富人把煤賣了又雇了幾名工人，一天下來，扣除了支付給工人的工錢，剩下的錢還比窮人賺的錢多了好幾倍。

一個月很快過去了，窮人只挖了煤山的一角，每天賺來的錢都買了好吃好喝的，基本上沒有剩餘什麼錢。而富人早就指揮工人挖光了煤山，錢賺得荷包滿滿，他又用這些錢去投資，做起別的買賣，很快地又成了富人。

結果可想而知，窮人再也不抱怨了。

創業之初，人們常常想的都是「拚己之全力」「一切靠自己」，如何讓自己變得更強，才能有辦法舉起比自己力量更「大」的東西。但常常是累死自己卻也無法達到強大的功效；原來我們都像故事中的窮人一樣，從來沒有想過原來也可以「借力」。

✅ 透過平台借力，創造最大商機

全球最流行的媒體業者臉書或是 YouTube 本身不創造任何內容；全球最大的住房供應商「Airbnb」本身沒有房地產；計程車叫服務龍頭「Uber」本身並不擁有一輛汽車，也不雇用司機，就是沒有車也能開計程車公司，沒有房子也能開旅館……這是為什麼呢？因為它們都是透過平台借來的，是集眾多人之力才形成了這樣的平台，而且還能

做到成為各自領域的第一，讓我們再次體會到聰明借力所創造出來的平台經濟。

像「Airbnb」、「Uber」、「餓了麼」這樣的平台企業不賣產品，而是藉由聚集和串聯使用者與供應商，透過他們彼此的互動來賺錢。

平台之所以是平台，那是因為它同時對供應者與使用者開放。平台只是扮演中間人，讓買賣方能順利交易，但不負責製造商品或提供服務。例如阿里巴巴的淘寶，它的商業模式就是把自己從產業鏈條裡面脫離出來，希望上游跟下游直接對接，阿里巴巴略過了門市，直接媒合商家與買家。這樣做的好處是商品種類開發是商家（供應商）來做，賣不完庫存由商家承擔。它免費讓商家在上面接觸消費者，不收分成，所以幾百萬商家全都跑來了。只要有 10% 的商家，想跟別人不同，要打廣告、想融資、要了解消費者需要什麼，阿里巴巴就為這些商家提供有償服務，而這裡面就有賺錢的機會。

為什麼現在市值最大、成長最快都是平台型企業呢？因為它們是靠活化閒置資產或產能來賺錢，而透過平台形成的正向網絡效應，能帶動十倍速成長。

什麼叫「活化閒置資產或產能來賺錢」？就是發揮「使用而非占有」的概念。

舉例說明，美國有三成的家庭都擁有電鑽這種工具，但通常都只用過一兩次就被收在儲藏室裡，很少再被拿出來使

用！可見人們當初買電鑽是為了打一個「洞」，而不是想擁有一個電鑽。既然這樣的工具利用率如此之低，那麼與其買一個閒置在家裡，不如臨到用時才去租一個。這種「使用而非占有」的觀念如今已被越來越多的人接受。越來越多的消費者開始選擇只租不買、按需付費的方式。**「使用而不占有」就是借力的核心精神**：因為你要借的是「使用權」而非「所有權」，所以別人才願意以極低甚至無償的代價借給你！平台於焉成型矣！

大家最熟悉的例子是「Airbnb」與「Uber」。就是強調善用科技，運用網路結合特定產業（互聯網＋），將多餘或閒置產能進行整合與再利用。這些閒置資產的價值就會隨著使用效率增加而提升。這也是目前大家常聽到的**「共享經濟」——集眾人之力，達成資源共享的目的**。

「Airbnb」住宿平台的誕生，源起 2007 年的秋天，兩名大學剛畢業的年輕人正在為付不出房租而發愁的同時，他們所在的城市舊金山正在舉辦全美工業設計師協會大會。由於與會人數眾多，當地的飯店客房嚴重不足。於是他們突發奇想，在自家客廳擺上三張充氣床墊，然後在網站發布信息：只需要支付每晚 80 美元的費用，就可以享受到氣墊床加早餐（Airbed & Breakfast）的服務，外加當地的觀光建議。出乎意料的是，他們的另類服務居然大受歡迎。後來他們決定為更多的出租人和承租人搭建一個聯繫和交易的平台，就是

「Airbnb」。

「Airbnb」提供平台，媒合了有閒置空間的人與有居住需求的人。房東可以自行透過平台出租家中多餘的房間，提供給觀光客住宿。房客們可在網上選擇房間，並透過網路支付所有的費用。

計程車叫車媒合平台「Uber」；透過網路平台，乘客隨時隨地可以利用手機中的 App 軟體，直接搜尋到附近為空車狀態的司機；故「Uber」司機只要在某些特定區域定點等候，而無須大範圍地開著空車滿街跑，減少空車繞行的無效率。對應傳統計程車司機而言，「Uber」以去中間化，乘客與司機直接媒合的叫車方式，有效活化每一台私家車的服務庫存。只要家中有空車，人人都能成為計程車司機提供載客服務。

餐點外賣平台「餓了麼」的成立，是因為兩位研究生在深夜叫不到宵夜的痛點，讓他們想到要做一個外賣平台，結合在地餐廳提供外送服務，直接串聯餐廳與消費者。消費者用手機點餐、付款，外送人員最快半小時，便能將熱騰騰的餐點送達。他們不自己經營餐廳卻做起了外賣事業。

顯而易見，我們要喝牛奶，卻不必家家戶戶都養乳牛。也就是說，一個人閒置的金錢物品、多餘的時間、擁

有的技能都可以和其他人分享。在這樣的新商業模式下，人們可以藉由網絡進行協調，直接互相租賃房屋、汽車、輪船，也包含停車位、工作室租借，甚至技術服務等其他食衣住行方面，使共享經濟無所不在地出現在我們的生活中。

平台需要產生群聚效應。平台必須先招募一定數量的賣家，方能吸引買家；但若買家不夠多，賣家也會覺得平台集客力不足而不想來。雖然其固定成本很高，但變動成本低，只要有大量賣家和買家匯集，就能降低每筆交易的平均成本。這和百貨公司很相似，無論多少家店進駐、多少客人光臨，百貨公司每天的營業成本都差不多。當這個平台的使用者越多，給其他使用者帶來的好處就越大，以淘寶為例，商家越多消費者越多，就產生了正循環，這就是正向的網路效應。所以一旦平台達到規模，將築起很高的進入障礙，平台自然會呈現大者恆大，甚至於是贏者全拿的局面。

「螞蟻金服」，它沒有銀行卻打造了中國最大的貨幣基金。螞蟻金服的前身就是阿里巴巴的「支付寶」，「支付寶」是個依附於電商交易的工具，是為了因應網上信用問題這個痛點，為了保障買賣雙方的交易，阿里巴巴設計了「支付寶」，作為第三方支付工具。隨後，電商的發展促進了支付寶的壯大，幾乎每家小店都在用支付寶錢包，人們可以在越來越多的商

場、便利店、計程車等等實體商店使用支付寶錢包。當支付寶的帳號系統累積了近 5 億個用戶的時候，「螞蟻金服」就應運而生了。之前先推出貨幣基金產品「餘額寶」，它是「螞蟻金服」旗下的一項餘額增值服務和活期資金管理服務。「餘額寶」滿足了支付寶使用者想要用少少錢就能投資基金賺點利息錢的需求，並且在手機上就可以輕鬆購買，只要新台幣五元就可以存基金，而這檔貨幣型基金，上架三年就累計超過新台幣三兆資金，成為中國最大，全球第四大貨幣基金。「螞蟻金服」顛覆傳統銀行的做法，正視消費者的需求，只專注做「小單」，這種看小不看大的邏輯，因投資門檻低，不到五十元就能買債券基金，操作簡單，同時用戶還可以獲得財經資訊、市場行情、社區交流、智慧型投資推薦等服務，透過源源不斷的金融產品將用戶牢牢地黏住，使他們長久地接受它的服務。

所以，當你發現了個商機，一個可行的事業，知道消費者有一個痛點急需被解決，想創業的你，首先不是自己投資大筆資金或資產，而是借力打力，去整合資源，找到那些有能力做得比你更專業的人，把他們串聯起來，剛開始也許會特別難，但一旦整合成功了，你會感覺到是萬馬拉車，而不是車拉萬馬，大家都在拉著你走，令你省力很多。

成功，不在於你能做多少事，而在於你能借多少人的力去做多少事！學會借力吧！借別人的力，借工具的力，借平

台的力，借系統的力，合作共贏！由此，你便找到了槓桿的
著力點，去撬動整個世界！這也是企業創造價值的過程，一
定要懂得「借力使力」，用智慧換效率，發揮扭轉力。

④ 創業不一定要全都靠自己

精明創業者的成功之道在於整合一切能夠為我所用的有利資源，如平台資源、人脈資源、職業資源、資訊資源、專業資源、資本資源等。

創業時如果能夠借用他人之力，解決資源短缺問題，那麼創業是不是就相對容易多了。什麼是他人之力，對創業者來說，可以是創業資金、生產設備、生產原料，還可以是技術、關係、權勢等等。例如，胡雪巖借官銀開錢莊，希爾頓借他人之地和資金興建希爾頓大飯店……等。

為什麼要借用他人的資源呢？不僅僅是因為資源短缺，主要是因為經由「借用」他人的資源有助於提高創業的成功率，可以獲得更好的發展，可以提高工作效率，增強競爭力。

例如，在美國，有一位名叫保羅‧道彌爾的人，他專門借力倒閉企業發財。一次，道彌爾找到一家銀行的經理，一見面就開門見山地直接問：「你們手上有沒有破產的公司或企業要拍賣呢？」銀行經理給他介紹一家破產公司。了解詳情後他出錢買下了這家破產的公司。在轉讓合約簽好後，道

彌爾全面分析了這家破產公司的各方面情況，找出了其經營失敗的原因，然後制定了一套改造計畫。

首先，他針對這家公司嚴重超支浪費的問題，在開源節流方面對症下藥。其次，他改進技術，降低產品成本，再加上實施一些管理措施。經過一系列綜合地改革，不到一年，這家公司竟起死回生了。銷售量悄悄地翻倍，從此由虧損轉為贏利。有人不解地問道彌爾：「為什麼你總愛買那些瀕臨破產的企業呢？」

道彌爾坦白地回答說：「我開始是為了幫助他，最後是為了我自己。別人經營的生意，接手過來容易找到失敗的原因，只要把這些毛病解決了，自然就能賺錢了。這要比我自己從無到有，從頭開始做一門生意省力得多。而且我這個白手起家的人，並沒有太雄厚的資本，想創業到處都是對手，只有買這樣的企業既便宜又省事。」由此可見，只要借勢合乎時機，就會事半功倍。

對於大部分創業者而言，特別是那些初次創業的人而言，他們不知道該做什麼？不知道該怎麼做？沒有思路、沒有創意、沒有技術、沒有裙帶關係，甚至是沒有資金，這些都是創業者所要面臨的考驗與關卡，而資源整合就是能幫助創業者最輕鬆快速達成目標的一個捷徑。

很多人覺得自己之所以沒辦法成功就是因為「缺資金、沒人脈、沒關係、沒管道、沒合作夥伴，甚至是自己不具備

一技之長」，真的是如此嗎？

擁有資源是一回事，使用資源又是一回事。資源既可以被資源的所有人使用，也可以被其他的人使用。使用自己的資源叫「利用」，例如利用手中的權力，利用自身的優勢，利用自己的能力等等；而使用他人的資源叫「借用」，例如借用王局長的權力，借用大公司的優勢或名氣，借用某人才的智慧……等。

關鍵之處不是你沒有資源，其實資源無處不在，而大部分的人缺少的是如何將資源整合的思維和方法。富人之所以能成功，是因為他們深諳「借力使力不費力」的技巧，他們總是在想：**我具備什麼資源、我缺少哪些資源，如何通過我具備的資源換回我缺少的資源，整合在一起發揮最大的效能，以實現互利共贏。**

任何人或任何企業都無法跳過「從弱變強」的過程，當自己還處在弱小的時候，要能借到他人的力量「借」力發力，從而更好地成長。也就是說，整合就是彼此借力，善用彼此資源通過「借」力發力，創造共同利益。

「健力寶」是如何被譽為「中國魔水」，成為國際知名的品牌呢？那我們就要提到它的創始人——李經緯，他用十八年時間，把一家名不見經轉的飲料廠「培育」成中國名牌。李經緯原來是佛山三水酒廠的廠長，那時他每天親自背著米酒，到佛山和廣州挨家挨戶推銷，當時這個小酒廠最高

月產值也只有 130 萬元人民幣。雖然只是一間小小的酒廠，但他的志向卻很大，想做出一番事業，而不斷地在找尋機會。

有一天，他得知奧運會需要一種運動飲料。他覺得這是個發大財的好機會。而他是怎麼做成的呢？總結來說，就是一個字——「借」！在整個操作過程中，他連續用了三次「借」。

第一次借是：借能力。由於他只是一家小酒廠的廠長，對於製作運動飲料他是一竅不通。所以他想找一個懂這方面的人才，他找到了廣東體育科研所的歐陽孝。歐陽孝向他推薦自己研發的一種新型飲料，這種飲料不同一般市面上飲料市場主流的碳酸飲料，是一種新型含鹼電解質的飲料，優勢在於對人體流汗後能迅速補充流失的礦物質。歐陽孝表示如果有人投資這個產品進行深入研究，將口感、營養和微量元素補充三者結合，就可以取代原有普通的碳酸飲料。於是李經緯對歐陽孝建議道：「我們來合作吧，你研究這個飲料的配方，我負責生產、營銷，利潤咱們分成。」於是，他們達成了合作協議。經過上百次反覆試驗，終於研究出飲用過後有助於體力的恢復並補充礦物質，符合奧運會需求的運動飲料，一種集口感、營養和微量元素補充三大優點於一身的新型飲品——「健力寶」。這就是李經緯的第一次借。

產品配方研製出來後，如何推向市場呢？李經緯在心裡盤算著：因為是運動飲料，首先就必須打進體育界，再由體

壇人士來推向市場。有一天，他聽到一個消息：亞足聯將在廣州白天鵝賓館開會，亞足聯的主席將出席這個盛會。李經緯想：這是一個千載難逢的好機會，一定要想辦法把飲料擺到這個會議桌上去。然而當時的健力寶還只是只有配方尚未量產的構想而已，什麼也沒有。要想能被擺到那個會議桌上去露臉，至少也要有個易開罐之類的瓶子吧。於是李經緯開始了第二次「借」。

他跑到深圳百事可樂廠，借了一些空罐子，然後，裝入已調配好的健力寶，再貼上自己的標籤，透過一些關係，順利將「健力寶」放到了「亞足聯」的會議桌上。同時，李經緯還請了一個攝影記者幫忙，讓記者守在亞足聯主席的旁邊，眼睛緊緊地盯著他的一舉一動，當亞足聯主席一拿起「健力寶」想喝的時候，記者抓緊時機，一連給拍了幾十個特寫，一下子十幾二十張，全拍下來了。然後，他拿著這些照片大肆宣傳：「亞足聯主席○○○都喝健力寶，市場潛力不容小覷。」於是，很多經銷商都願意跟他合作，成功拿下了大量訂單。市場有了，那產品在哪裡呢？

要量產「健力寶」，可不是一件簡單的事情，引進一條

生產線要耗費大筆資金，要有廠房，要有工人、管理人員，原料採購等，要完成這些沒有一年半載的籌備，是辦不來的，更何況，李經緯也沒有足夠的資金。怎麼辦？他還是借！他以代製的方式去借生產線。選中一家飲料廠去和對方談合作。飲料廠按照他的配方，去生產加工，再貼上健力寶的標籤，在收到經銷商支付的貨款後，再用這筆錢付給飲料廠。這樣做的好處是，李經緯不需要投資資金、建工廠、招募員工，不需要承擔什麼風險，即使這批貨賣不出去，也就只損失這一筆，不會像有些企業如果某個新產品銷售不如預期，就會造成大量庫存及大筆成本虧損。「健力寶」就是這樣，靠一個「借」字，巧妙地借用了別人的腦袋、資產、設備、場地、技術……，之後當健力寶成為第 23 屆奧運會中國代表團指定飲品時，一炮打響，成為了中國機能飲料界的第一品牌。

創業沒有錢，怎麼辦？沒有關係，你可以向親朋好友借，你可以向銀行借或是眾籌。

沒技術，沒人才，沒有經驗，怎麼辦？沒有關係，你可以廣召專業人才，向科研機構徵才；你可以借別人的腦袋和智慧被自己所用，你可以跟他們談聯盟、談合作。

剛開始創業，你名不見經傳，沒有名氣怎麼辦？沒關係，你可以借品牌之名、借名人之名為你造勢，為你打開知名度。……你還可以借勞力、借店面、借設備、借名氣等。

什麼是整合力呢？就是你利用周遭的人脈、知識、技能、

資金等資源，透過整合與轉換，達到你的目標或理想。

✓ 資源整合的能力是成功的關鍵

中國首富盛大總裁陳天橋認為，創業不應該局限在原有創業模式上，而是要鼓勵整合資源創業，只有經過整合才能產生創新與新的價值。創業不是引「無源之水」，栽「無本之木」。每一個創業者所能憑借的就是自己手中擁有的資源。只有了解市場的需要，整合市場和自己的資源，才是你專屬的創業機遇。

所以，繼加盟連鎖、代理、特許經營、網路創業等創業模式之後，「整合資源創業」將是一種新的創業模式。

一個人整合能力的大小，決定了成功程度的大小。精明創業者的成功在於整合一切能夠為自己所用的有利資源，可使創業者少走許多彎路，達到事半功倍之效。

在個人創業過程中人脈資源是第一資源，有各種良好的人脈關係，你可以方便地找到投資、找到管道等等各種創業機會。整合人脈資源是創業成功的基本條件。

在創業初期，專業技術也是非常關鍵的資源，它是決定所需創業資本的大小、創業產品的市場競爭力和獲利能力的根本因素。美國的微軟和蘋果，最初創業資本都不過幾千美元，創業人員也只有幾人，那些企業之所以能走向成功，就是因為它們擁有獨特的專業技術。所以，創辦事業成功的關

鍵是首先尋找到有核心競爭力的專業技術。而技術資源的取得可以與大學、科研機構或社群中的能人異士等合作。

而創業資金也可以用別人的，就是現在很流行的「眾籌」，賣個產品，啟動一個高科技研究專案，許給投資方一定的回報，就能用別人的錢來完成自己的想法，這叫做眾籌。通過眾籌就能為你募集到創業的資金，不怕錢不夠，就怕你的點子和創意不夠好。如何獲得眾籌青睞，這中間有許多技巧你要學會，通常就是話術和你的企畫寫作能力。

懂得靈活運用外部資源、動員整合能力，你就能用最小成本，創造數百倍的效益。一名開發部主管，如果善用外圍的協力廠商，就能將公司有限人力，用在公司的核心強項上。行銷人員，若是能善用外部媒體資源與策略聯盟，即使廣告預算是零，照樣能辦出一場超人氣活動。一名美術總監若能善用外包美編、工作室，就能大幅降低公司的人事雇用成本……。

作為一名資源整合能力的高手，要具備並培養以下幾點：

1. 瞭解整個產業生態，遇到問題知道去哪裡找資源，有哪些合作對象值得信賴。

2. 知道自己有哪些籌碼，可以跟別人交換，並且知道對方需要什麼，達成彼此雙贏的交易。

3. 經營人脈網絡，不但能引入資源，也能整合資源。

5 成功者多是借力而為

　　猶太經典《塔木德》上說：「沒有能力買鞋子時可以借別人的，這樣也比赤腳走得快。」

　　猶太人是世界上最善於借用資源經營的高手，他們認為一切都是可以靠借的，借資金、借技術、借人才，能為自己所用的東西都可以借來用。巧於「借力」，精於「借勢」，是猶太商人成功的一大訣竅。通常人們做生意都是從小到大，一步步按步就班，期望最後能在自己從事的領域中佔據一個重要的位置。但猶太商人並非都是這樣，他們更擅長玩的是「空手道」，「借雞生蛋」，別人投資自己賺錢，從而迅速白手起家。

　　從以下的故事我們就可以領略到「借」的魅力。英國大英圖書館，是世界上著名的圖書館，裡面的藏書非常豐富。有一次，圖書館計畫要搬家，也就是說從舊館要搬到新館去，結果事先估價下來，光是搬運這些藏書的費用就要好幾百萬，而大英圖書館根本就沒有這麼多預算。正當束手無策之時，有人向館長出了一個點子，結果只花了幾千塊錢就解決了這

個問題。他建議圖書館可以在報紙刊登一則廣告：從即日開始，每位市民可以免費從大英圖書館借 10 本書。結果，許多市民蜂擁而至，沒幾天，就把圖書館的書借光了。這時只要再跟借書的市民說，還書時請大家還到新館來。就這樣，圖書館借用了市民群眾的力量搬了一次家。

在古代智慧語言裡，有很多「借」字的典故和比喻，「借雞生蛋」、「借船出海」、「借網捕魚」、「借刀殺人」、「借東風」，歷史上的合縱連橫、圍魏救趙、火燒赤壁、草船借箭等都是借力的成功案例。

在赤壁之戰中，孫權、劉備聯軍在財力、裝備、人數上都大大遜色於曹操，但諸葛亮巧妙地運用借的策略一舉擊敗曹軍。先是「草船借箭」，再是借黃蓋施行「苦肉計」取得曹操的信任，最後是借東風大敗曹軍。諸葛亮成功地運用借地、借勢、借人、借天、借智的策略，從而使孫、曹、劉三方最弱小一方的劉備也謀得了一席生存之地。

凡成大事者，都是借力的高手。他們敢借，能借、會借、善借。於是借出了一片新天地！尤其是在商業場上，「借雞生蛋」、「藉機行事」、「借題發揮」、「借船出海」等等的例子多不勝數。因為個人的力量是有限的，要成就大事，不藉助於別人的思想、能力、經驗、智慧、資金、資源、人才等各種可借之物，是很難會成功的。只有藉助外力才能生存，才能發展，才能登上事業的頂峰。

「借力」就是「借用」自己以外各種力量，幫助自己解決問題或者克服僅僅依靠己身之力難以完成的任務。台灣富商陳永泰深有感觸地說：**「聰明的人都是透過別人的力量去達成自己的目標。」**

所謂借力就是借勢、借物、借財、借人等所有行為，用這些借力哲學在職場中借人脈、借權力、借平台，在商場上借資金、借資源、借人才。

當你想要開始一個計畫或事業的時候，你可能對這個計畫不熟悉、不專業、不在行，沒有技術、沒有這方面的能力。這個時候，你千萬不要傻傻一頭熱地自己去鑽研、去摸索，你一定要借用別人的力量、腦袋來為自己所用——你有本事，我利用你的本事，你聰明，我就借用你的聰明。因為這是最省時省力，也是最快捷的辦法。

多位企業家都說過：「能利用別人賺錢的人，才能賺大錢。」這個世界上有真才實學的人，大部分最終都是為別人所用，成為別人的工具，因為他們全心投入在自己專精的才學，沒想過可以借助利用別人。漢高祖劉邦，帶兵打仗，不如韓信；運籌帷幄，不如張良；治國安邦，不如蕭何。真本事沒有一項比得過別人，但他照樣獲得了成功，正如韓信所說：「我會帶兵，但高祖會領將。」

《塔木德》上說：「這個世界已經準備好了一切你所需要的資源，你所要做的僅僅是用智慧將它們有機地組合起

來。」瓦特、史蒂文生借了蒸汽之力、牛頓借了萬有引力，紅頂商人胡雪巖借了左宗棠的政治力……這些都是讓別人的力量成為自己的力量之典範。

✓ 借力到底借的是什麼？

借力從分類來看，有借他人的力量，如力氣、能力、資源、大腦。從有形的借物、借財、借人、借地，到無形的借勢、借機、借力、借智…… 等。大致可分為以下幾類：

❶ 借人力：

也就是借智、借本領，借別人的智慧為我所用。聰明的人不斷摸索總結經驗，智慧的人善於向外學習，向他們借智可以節約人生成本，縮短成功時間。幾個志同道合的朋友充分發揮各自的專長創辦起自己的企業，從老鳥身上借經驗、找一位明師、導師，向他學習，或是借本領、借其人脈打通關係。或是借名人之名，請名人做廣告代言、委請有權人士辦事、高薪招聘專業人才、借朋友之力轉介人脈……等借的都是人力。台灣每當政黨輪替時，下台的官員往往都能找到（薪）更高的職位，Why ？

❷ 借物力：

借資金、借地、借店、借通路、借工具，借平台，借船

出海、借梯上樓或是引進先進的機器設備、借別人的廠房生產、借別人的通路上市，借牌上市……等等，借的都是物力。

❸ 借勢：

「時勢造英雄」讀懂趨勢，把握趨勢，才能贏在未來。大力宣揚自己為善之事、借流行趨勢之勢、利用股市漲跌順勢買賣進出……等皆屬借勢。借官勢力，可以獲得保護；借行業勢力，可以壯大力量；借大公司之品牌勢力，可以擴大銷售；借名人勢力可以幫助促銷獲利、借時機之力可以搶佔市場。

借團隊或加入一個團體也是一種借勢。沒有完美的個人，只有完美的團隊。小成功靠個人，大成功靠團隊！

人生成功的捷徑，就是將別人的長處最大限度地變為己用。這就是借力使力的精髓。你會借力嗎？

銷售人員學習「成交的秘密」，業績可以由五位數成長到六位數。學完「借力與整合的秘密」，運用聯盟行銷，業績將擴增為七或八位數。運用「整合與 BM（商業模式或營利模式）的秘密」可建構以億為營收單位的事業體。簡言之，推銷是一種加法，行銷是一種乘法，**運用借力創造營利模式，**則是一種**次方式的指數型魔法！**

借力，怎麼借？

1 別人為什麼要借力給你？

Why？Why？Why？

人家為什麼要借力給你？

別人之力為什麼願意讓你借呢？

我們大家都知道很多人很有力，有力人士也很多，但人家為什麼要借力給你呢？有力者為什麼願意借力給你呢？

因為我也可以提供對方需要的價值或資源，在兩相合作之後，能產生更好的綜效。看起來是對方借力給我，但在某種程度上來說也是彼此借力啊。

我有對方需要的價值，然後互相幫忙形成綜效，使 1+1 > 2，也就是你有你的，我有我的，我們兩個合在一起後，大於原本我們自己有的。所以光有價值還不夠，還必須是對方需要的，對方才會願意借力給我們。

互補市場，互相借用彼此的市場，比如說健身房和賀寶芙的合作案例，客人來健身一次就免費提供一杯賀寶芙奶昔等等。

以上是課堂上學員的回答與分享。基本上都是一種價值

互換的概念。另外還有一個重要的因素，那就是——關係。

✔ 有關係就有機會

關係（有很多種，例如：朋友關係，師生關係，同事關係……），人情使然，對方願意借力給我。其實那些參與EMBA、獅子會、共濟會、扶輪社、王道增智會，大多都是想互相借力，想要和那些團體的成員產生關係，建立人脈，有了關係，人家當然就會願意把力借給你。

這個關係的前提是要認識，所以呢，一群人為什麼認識，BNI 是每週選一天大家一起吃早餐，大家因此而認識；獅子會、共濟會、扶輪社是大家聚在一起去做一些善事，一起捐錢；王道增智會是每月舉辦讀書會或有料課程，彼此商務引薦。

通常是大家彼此熟悉了，就可以相互借力。不見得是一定會讓對方有什麼好處或貢獻，單純就只是因為認識而借力而已。一個人的成功 15% 靠專業知識，85% 靠人脈關係。最有名的就是比爾·蓋茲的例子。

比爾·蓋茲成為首富的第一步是什麼？就是他寫的 DOS 賣給了 IBM，當時的比爾·蓋茲是哈佛大學的休學生，潛心鑽研寫成了 DOS 系統，而 IBM 在當時已是世界級的大廠，為什麼 IBM 會和一個休學的大二學生合作呢？因為比爾·蓋茲的媽媽和 IBM 的執行長同是某一公益機構的董事而彼此認識，於是比爾·蓋茲的媽媽，對 IBM 的執行長說：我的兒子

正在寫的 DOS 可以成為 IBM 現在在發展的 PC 之驅動程式，當時 IBM 提供給比爾・蓋茲有兩個選擇方案，一是付給比爾・蓋茲一筆權利金，如，10 萬美金或 20 萬美金買下 DOS 的使用權；二是 IBM 推出的 PC 每賣出一台就支付比爾・蓋茲 2 美金。

比爾・蓋茲選哪個方案呢？他選二，這不光是錢的問題，一個重要的問題是因為程式是比爾・蓋茲寫的，這牽涉到智慧財產權的問題，所以 IBM 以一台 2 美元的價格只是買下 DOS 程式的使用權，這個程式的智慧財產權是屬於比爾・蓋茲的，他還是有權利賣給別人的。所以整個與 PC 相容的電腦全都跟比爾・蓋茲買 DOS 的程式，台灣也跟著竄起。台灣出產的許多 PC 其實都是跟 IBM 相容的，都用了比爾・蓋茲的 DOS，因此，比爾・蓋茲就用這些錢創辦了公司，就是大家熟悉的微軟（Microsoft）。

由此可知，比爾・蓋茲的成功出發點起始於人脈，因為他的媽媽和 IBM 老闆認識，如果不認識，比爾・蓋茲應該連 IBM 的 CEO 都見不到。在台灣我就看過不少這樣的例子，很多人都說要找 7-11 談合作，結果連 KP（關鍵人）的面都見不上，如何談呢？

很多業務人員去拉生意的時候，以為就是要想辦法給客戶好處，事實上你也可以要求對方給你好處，因為對方給你好處之後，他反而會覺得是他對你有恩惠。他對你有恩情之

後，他會特別喜歡你，這是一種很微妙的感情，像我在大陸搞出版，大陸的出版社都是國營的，書號掌握在他們手裡，我在大陸發展靠的是以下這招：去找當地的省委書記或是市委書記，邀請他寫一本書，我給他版稅，以前是給 10 萬元人民幣，現在是給 20 萬人民幣，在大陸做生意一定要找這種書記，或是常委，像這次雙城論壇來的就是上海的常委，但還不是書記，書記比常委比市長更大。所以到大陸我都會求見當地的書記，表示有意將他的政績及生平事蹟出版成書，並把版稅給他。當然，他收了 10 萬元版稅通常是轉手就交給他的秘書並交代他要如實申報，而不是收入到自己口袋中。

後來因為我經營出版業，書記就又給我介紹北京的出版社，他介紹了中國紡織出版社的社長給我認識，邀我去中國紡織社社長的家裡做客，發現社長有收集郵票的嗜好，他收集了一大堆的郵票，於是我大膽地要求社長是否能送我一枚留做紀念，社長也很爽快地欣然同意，他選了一枚 1953 年發行的郵票，他說這是中國百大出版社聯合創立時的紀念郵票，對同是出版人的我們而言：這枚郵票頗具義意的。因為他送了我一枚郵票，從此他就對我有印象，牢牢記住了我，再加上我是北京書記介紹給他的，之後我去北京，他的力從此以後就都借給我用了。

對方為什麼要借力給你，**關鍵就是借力借的是使用權，而非所有權**。因為你借的是使用權而不是所有權，使用權對

出借人來說是沒什麼損失的。比方說如前文我所提到的，我去大陸發展，我給書記 10 萬元版稅幫他出書，那位書記幫了我什麼，他也只是打打電話，聯絡一下相關的人，交代他們多多關照來自台灣的我，這對那位書記有什麼損失呢？沒什麼損失，可是卻能幫我很大的忙。所以關鍵是，對方借給你的是使用權而不是所有權，對他而言一點損失也沒有，你只要給他一點好處，他就會借給你。

2 什麼是槓桿?

其原理就是物理學中「力」乘上「矩」的概念。

「力」就是「量體」,通常有形或可計算其數字。例如:百萬會員、上億資金、每日千萬流量等。

「矩」就是「乘數」、「放大」的概念,通常是無形的資源或狀態,例如:權力、人脈、資訊不對稱、專業、機運等。

「力」和「矩」合在一起就是「力矩」,「力矩」是物理學上的專有名詞,請問一個很胖的人和一個很瘦的人一起坐上蹺蹺板,蹺蹺板會不會平衡呢?答案是會!只要把支點挪移一下,不要放中間就能辦到。阿基米德的名言是,**你只要給我一個夠長的蹺蹺板,和一個支點我就能舉起整個世界。**

在此要與各位講一個簡單但很重要的數學概念 ——「乘法」:100 加上 0 是多少,答案是 100。但是 100 ×0 是多少?答案是 0。

所以「力」和「矩」在物理學的研究是乘在一起的，因此兩個缺一不可，最好兩個都達到 100 分，那麼 100× 100 是多少？答案是 10000。這就是為什麼有人說，我的能力非常強，我也很有實力，可是為什麼卻這麼失敗呢？這是因為即使你的內在能力達 100 分，你再優秀，但你的外部條件是扯後腿的，你的外部條件是零分，那你「力」和「矩」的相乘還是零。所以，這就是為什麼有的富二代具有很好的人脈，很棒的家世背景、權力，甚至很好的學歷，最後還是敗光家產。因為他自己的內在能力是零分，他的外部條件可能是 90 分、100 分，他的上一代全部替他張羅好、安排好，可是他自己本身是零分，在乘法的作用下也是無用，因為 0 乘 100 還是零，所以力和矩是相乘的概念。這是物理學已證明了的事！

所以這兩大元素要同時兼備，**一種是你本身個人能力的力量，一種是外在條件的力量，你能借多少別人的力。**任何人若能將「力」或「矩」其中一項發展到一定水準，就能帶來可觀財富；二者兼備，發展就無可限量。

借用人脈與權力，能幫助你事半功倍！「權力」也是一種「矩」，在你最需要的時候，就算只是個小小獄卒，也能決定你的生死。「權力」通常是指別人的權力，我們自己沒什麼權力。但是別人的權力為什麼要借你用呢？因為你跟他發生了某種關係。

你本來有多少，就是你的力量，再乘上你用了多少的「權

力」、「人脈」，或者專業或者資訊不對稱。什麼叫資訊不對稱，就是——知道的人賺不知道的人的錢；那如果大家都知道，那就是早知道的人賺晚知道的人的錢。由此可知學習很重要，要時刻讓自己保持對知識和資訊的敏銳感知力。

所以，宅男有沒有前途？答案是不一定。傳統上人們認為宅男就只是宅在家裡，但現代的宅男不一樣了，有的宅男會透過網路和全世界取得聯繫，這樣的人還是很有前途的。不能說他關在房間裡他就沒有希望，因為新的觀點是——網路就是一切。

以前資訊不對稱是發生在廠商和消費者之間。然而因為網路的發達，網路的無所不在，不管買什麼東西，消費者對於某樣商品的知識與了解並不會輸給廠商，這種資訊不對稱的不平等逐漸消除了，但是這種資訊不對稱也是一種矩，所謂的槓桿就是力乘上矩，若是你能借上別人的力，那你的槓桿、你的力矩就會更大。

當「力」與「矩」交會，自然就能產出相當巨大的力量。這股力量，是每個創業人都需要學習如何應用的。

對於創業初期的人來說，正因為本身擁有的資源較少，因此「力」比較薄弱，這時候就更需要關注在「矩」的乘數上的地位。也就是說，如果你擁有的「力」只有 3 分，那麼只要你能找到乘數 10 分的「矩」，你就能擁有 30 分的轉動能量；如果找到乘數 30 分的「矩」，你就擁有 90 分的轉動

能量。需要多少「矩」，端視你想舉起的東西有多重。

那麼，**該如何應用槓桿為自己加值？你應該思考的有以下兩點：**

1. 我自己是否具有某種槓桿，是他人沒有卻很需要的？那我應該去找出需要的人，將槓桿借給他，換取雙贏。

2. 我自己是否需要某種槓桿，是他人有而我沒有的？那我應該去找出擁有這種槓桿的人，跟他借來，共創雙贏。

不管誰和誰借力，就是要追求雙贏，要創造雙贏。唯有雙贏共好，你才有借力的可能，所以我們借力就是要創造出 1 ＋ 1 ＞ 2 的效果。這樣借力才有它實質的意義，才可長可久。

③ 借力借的是相互之間的信任

借力是人與人之間相互的一種交往，但它是要以信任為基礎。因為，人與人之間願意交往，可以是沒有所圖而交往，而「借力」一定是有所圖的。

先要認識才能相熟，相熟之後才會產生信任，有了信任才能借力，能借力才能發揮槓桿，如果連認識都不認識還談什麼借力？談什麼槓桿？

但是，說要「借」又談何容易？其深入的核心精髓僅在「信任」二字而已。因此說到底，為什麼商場說「無信不立」，所謂人而無信，不知其可也！因為「信任」是成就「借」最重要的要素；而「借」則是成就「槓桿」的行動。

「信任」→「借」→「槓桿」，唯有基礎的信任足夠，方能驅動槓桿的能量，進而達成「以小搏大」的成功。

☑ 想驅動槓桿，最重要是累積信任感

「取得信任」需要技巧與時間，有些人你可能這輩子都難以獲得他的信任，純粹只是因為你缺乏與他共同的革命情

感。而我們華人的信任機制可以說是「由親而信」，因熟悉而信任，所以你要從同事、同鄉、同學、同梯、同好、同行、同修、同病相憐……透過「同……」來瞬間拉近彼此的距離，因為同流才能交流。你和他是同學、同事、同鄉、同袍……，所以你們有基本的信任。至少要找到一個「同……」，例如同流，這表示我們思想相同，所以同流才能合污？NO！NO！NO！同流才能交流，交流才能交心，然後才能借力。

又加入社群是累積人脈最快的方式，加入同一個社團，大家就是同一個 Team，又或者是一起上課就是同學。想與對方交朋友，有時必須沉得住氣，不卑不亢才能取得信賴關係。所以你一定要先和對方形成一個關係，然後產生節點，根據「六分隔理論」，只要經過六個節點，你就可以認識全世界所有的人。現在 FB 普及和自媒體盛行，可以利用臉書做為節點去擴充人脈並行銷自己。

還有，必須要「門當戶對」才能互相借力，你去找郭台銘借力，他會理會你嗎？不會的。所以我才會建議個人一定要加入某個團體或組織。你總要加入一兩個團體形成一個團隊，大家彼此要認識，而且不是只見過一兩次，認識一兩天而已，還要經常聚在一起，彼此磨合，藉由聚餐或是上課或共同從事某一件事，形成一股凝聚力。

　　所謂 BNI 式的人脈建立原則就是從認識到熟稔。什麼叫 BNI 式的人脈，就是我們十幾二十個人每週選一天一起吃早餐，一起用餐多年後這十幾二十個人自然就相熟了，而且 BNI 規定，這十幾二十個成員必須是不同行業的人，所以如果有一天你需要某種行業的產品或服務時，你自然就會優先找你熟悉的 BNI 成員，聽起來很不錯，但有一些缺點，首先對我而言，它的早餐實在太早了，要早早五、六點就起床準備。再來是參加的成員還是太少，我覺成員要多最好是數十人以上，這樣才能發揮群眾效果及影響力。第三是，大家聚在一起就是吃早餐，但我其實是不吃早餐的，而且早餐要自費，每年還要付兩萬多的會費。

　　所以我自己成立王道增智會稱這是 BNI 式的人脈，但我們不是一起吃早餐而是一起上課，參加讀書會，一起學習，而且加入「王道增智會」只需繳一次費用，另外最重要的是，那些扶輪社、獅子會、共濟會這些所有的會，大多都是打著慈善的名號要做公益，要對社會有所貢獻，可是加入的成員中，至少有一半成員的心裡面是想做生意的，是想增員，但都不好意思把自己的目的明說出來，有一點像是偷偷摸摸在做生意的感覺，但我們「王道增智會」不是這樣，只要是合法的，你就可以公開做生意，並鼓勵現場成交！

　　「借用」是行動，也是一種談判過程，畢竟跟人借東西總有成本，該如何說服對方，本身就是一種業務能力。

最後關於「槓桿」，你得辨識出誰有這種槓桿要素，誰是真正能幫助你的人，同時也得評估其乘數效果有多大，這都需要在經驗中學習。

而能不能借到力，受以下四個因素的制約：

1. 出借人有沒有這個力？如向醫生借管理經驗可能就比較為難他，向一般的員工借主管才能，也是強人所難。

2. 是借用的時機對不對？如出借人在借用人借的時候沒有借用人所要借的力，那麼出借人就不可能滿足借用人的要求，不是借一點點，就是一點也不借。例如借錢，出借人剛把錢用完了，此時你去借，肯定是借不到了。Uber 與 Airbnb 等平台也都是借用「閒置資產」做大做強成為世界級企業的！

3. 出借人對借用人的信任程度。這種信任是單向的，如果出借人對借用人沒有信任，那麼借用人對出借人再信任也沒有用，借用人不可能從出借人那裡借到力的。如果出借人對借用人不信任，那麼借用人即便是一時借到了，也不會從此次的借力中獲益很多或是長久獲益。

4. 借用人對出借人的信任程度。也就是借用人相信出借人有可借之力，這種信任也是單向的，不需要出借人的同意。這種信任非常重要，如果沒有對出借人的這種基本信任，就不可能採取借力的行動。這種信任不是以一定要借到為目的，而是以自己的判斷為基礎，覺得有力可借就行。

4 借力借的是有利可圖

　　翻開人類歷史，王者以借取天下，智者以借謀高官，商人以借賺大錢。古今中外，大凡有所成就的人都是藉助外在力量的箇中高手，他們的區別只不過是借的內容和方式不同罷了。聰明的人都是借助他人的力以量達成自己的成功！

　　借力的目的，就是要解決問題，即不是為了借力而借力，而是「借」一個有利可圖，借有所謀，為的是圖利益，謀發展。就是要從「借力」這一行為中得到想要的利益；或者是解決困難，或是提高效率，或者是增強自己的競爭能力，或者打敗競爭對手。當你決定要借力解決問題的時候，首先要思考清楚的是要借什麼？也就是解決問題的辦法有幾種。解決的辦法不同，借的內容就不同了。要分析哪些自己可以克服？哪些自己不能克服？不能克服的，就是你要去借的。

　　那麼，對於出借人來說，他圖的是什麼「利」呢？當然圖的是有所獲益。像銀行願意出借資金，圖的是投資收益；人才願意出借智慧，圖的是報酬，或者圖的是被社會認可、尊重的自身價值；專利人願意出借其專利，圖的是經濟利益

和社會利益；技術持有人願意出借其技術，圖的是經濟利益，圖的是個人之間的關係更加融洽，圖的是能受到他人的尊重等等。

提出雙贏方案

像是智慧家居（中保無限家）與房地產建商的合作。智慧家居的最大客戶便是房地產行業，房地產專案採用智慧家居系統，不僅提升了建案的附加價值，為屋主提供了舒適的家居環境，同時也使物業管理更加高效便捷。不僅推廣宣傳效果好，銷售數字自然也提高許多。而智慧家居業者可以透過這種合作讓更多消費者使用到智慧家居產品，使智慧家居行業得到更快更好的發展，這就是借力所創造出的互利雙贏。

讓對方有利可圖才借得到力。你必須告訴你要借力的對象：你能給他什麼？你能為他創造什麼？你創造的東西是否對他有價值？就是讓對方覺得這個合作對雙方都有利。

我常常和客戶說：「我能為你做什麼？我唯一能做的就是為你創造價值！什麼價值？就是你給我一個機會，我能幫你賺到許多錢，然後我自己也有錢賺。」

當然，親朋好友不一定要你的「利」，但我們要感恩，你在困難的時候，別人幫了你，你一定要感謝別人，要知恩圖報。在商場上更是這樣，你想賺錢，別人也想賺錢，但如果你把對方的利潤都吞了，誰還想跟你合作呢？朋友也是這

樣，第一次吃了虧，可以；第二次可以，第三次他就不會理你了。

所以，順利借到力的原則是──雙贏。借用人要贏，出借人同樣要贏。只有創造雙贏，才能使借力活動成功成效。雙贏原則的具體含義是：

✓ 借用人從借力中得到了自己想要的東西。
✓ 出借人從借力中得到了自己的利益。
✓ 借力雙方當事人能夠長久友好相處下去，並能長期獲利。
✓ 借力雙方當事人可以進一步進行更高層次、更大範圍的借力活動。

常常有朋友要請我吃飯，說有商機要介紹給我，**其實我並沒有興趣**。

有朋友叫我介紹客戶給他，他會拆分佣金給我，**其實我也沒有興趣**。

有學員說：老師，你只要幫我廣為散發這封郵件與這個訊息，每個月就可以給您帶來至少五位數的收入，您有興趣了解嗎？**其實我還是沒有興趣**。

不管「成交客戶」還是「借力」，你要去了解對方心裡在想什麼？對方重視什麼？你不要認為你重視的就會是對方重視的，這是很多人做生意最常犯的錯誤。最大錯誤是把自

己所想當作對方所想。事實上是要反過來把對方所想當作自己所想。所以你要去了解你要合作的對象。像我的生活很簡樸而且我也沒什麼應酬，因為我晚上通常要寫書，而且我認為之前我所賺的錢也夠花了，我也不會想留給小孩很多錢，所以，你如果對我說你手上有巨大的商機想介紹給我、邀請我吃個飯，其實我沒什麼興趣。因為賺再多的錢對我而言意義不大。那我為什麼會投資黃禎祥老師的那個廚餘變黃金的計畫六百萬呢？投資那個案子，不是為了要賺錢，因為我和黃老師還有諸多別的合作案，而他希望我投資這個案子，基於雙方的友好關係，我就投了！所以各位要去了解每個人心裡在想什麼，投其所好，借力可成矣！

那我對什麼有興趣呢？

有位學員說：「老師，我是王道會員編號○○○的○○○，您可否幫我招生，估計至少可以帶給您六位數以上的收入！」**這個我就有興趣了！**

有一位會員跟我說：「老師，只要您給我機會聽聽看我的規劃，我不敢保證說一定能幫您賺多少錢，但這個方案絕對可有效提升您和其他會員的收入至少 Double

甚至 Redouble ！」**這個我就非常有興趣了！**

因為我是王道增智會的會長，其實加入的會員至少都繳了 79000 的會費給我，那如果我不能幫我的會員把會費賺回來或賺得比會費還多，那我會覺得對不起會員。所以，如果你有個案子，能讓我的會員賺到錢，我就會很有興趣。

做好「借力」不僅要知道「借力」的分類和借用不同的力，還需要有一個正確的借力動機，掌握借力的時機，方法和技巧，清楚借力的數量，可借用的領域，向誰能夠借得到等明確問題，如果有一個環節做得不好，就很難達到預期的效果。

想「借力」，在行動之前要三思而行，要想真正能夠從「借力」行動中受益，還必須在行動前思考清楚以下十大問題：

1. 為什麼要借？
2. 借什麼？
3. 什麼地方可以借？
4. 向誰去借？
5. 什麼時間去借？
6. 用什麼方式去借？
7. 借多少？
8. 借多久時間？
9. 誰能夠去借？
10. 真的有必要借嗎？

5 借力使力的方式

　　借力其實就是整合各種關係，充分運用各方資源，最聰明的人善於將別人的力量凝聚起來，變為己用。

　　你要想快速發展成長，光靠自己的力量是不夠的。必須要善於**「借力使力」**，透過身旁的**高手之力、人脈之力、最有效益的工具和技術之力、合作交叉行銷之力**，和**複製團隊的力量**，你才能縱橫捭闔，擁有更大的騰挪空間（乾坤大挪移是也）。才能充分地調動一切可以調動的資源，不斷地滾動發展，從而增強自己的核心競爭力，以更上一層樓！

　　所有成功的人都是借力使力的。在我寫《620億美元的秘密：巴菲特雪球傳奇全紀錄》時，他擁有的財富是620億美金，這些錢是怎麼賺來的，也是借力使力，借別人的力，是很多人給他錢讓他去操作，他自己的原始投資額只有100美金而已，所以我就在研究怎麼突破，就找到了兩個貴人，這兩個貴人也加入了「王道增智會」成為了我的會員，一位是史托克，一位是黃義盛，兩位都幫我賺了好幾桶金呢！

　　只要做到以下其中的任何一樣就可以貫徹「借力使力」，

達到不必費力的境界。

第一個借力使力的方式是找一位導師

第二個借力使力的方式是找一個團隊

第三個借力使力的方式是找人脈

第四個借力使力的方式是利用工具和技術

第五個借力使力的方式是複製系統

☑ 找一位導師

就是站在巨人的肩膀上登高望遠，踏著成功者的腳步走，用最短的時間學習頂尖高手的成功經驗。找一位好的導師只是起步而已。找一位好的導師對剛出社會的新鮮人或對人生沒有方向的人而言，確實是有必要的。只要你學會了這些高手們的一招一式，你就能在自己的創業或人生過程中，舉一反三、觸類旁通，無往而不勝。那種以為自己很厲害，目空一切的人，不懂合作，註定將在市場的大浪中被吞沒！

所以，人生路上，首先找到人生的導師，借用成功人士的眼光去選擇項目，確定方向，先借力，後能力，先借船，後造船，抱團打天下。

☑ 找一個團隊

開公司、建立一個團隊幫你賺錢。開公司的前提：準備好資金，找對的人上車；利用他們的時間、能力，讓他們幫

你賺錢。當然還有準備好相關的技能，例如財務、管理能力……等，而這些技能可以在創業時邊做邊學。

商戰最需要的是盟友，同學就類似朋友，你一定要有一個組織或團隊，雖然成員年紀有長有幼，但大家是彼此的盟友、朋友一樣，這樣就能立於不敗之地。

抱團是李嘉誠的慣用語，就是叫我們不要單打獨鬥，你要加入一個團隊，借個團隊平台的力量，你才能真正借到智慧、借到資金、借到力。各位一個要抱團，然後搭著趨勢的力量才能成功。

☑ 找人脈

透過朋友、人脈去開拓更多的生意、認識更多的朋友。把人脈串在一起，形成一股力量。當然有效利用自己人脈的前提是：有良好、優質的人脈。

有句名言：「一個人能否成功，不在於你知道什麼，而是在於你認識誰。」而史丹福研究中心曾經發表一份調查報告指出，一個人賺的錢，12.5% 來自知識、87.5% 來自關係。人脈，也就是你創造富貴的「金脈」。要有良好、優質的人脈之前，要知道如何拓展自己的人脈，在那裡可以認識這些人？多認識一些人，多去結交新朋友。舉例，去年才認識的幾位新朋友，本來我以為不會有什麼太多交集，要不是恰巧因為我手上有些案子要募資，透過朋友轉介遇到了他們，而

他們也有意願多聽、多看、多談，因緣際會，就談成了合作，這些都是始料未及的。

對於很有力的名師，你想要借他的力，首先建議你一定要先報名他的課程，這樣你就能認識他，成為他的學生，如此一來你要借他的力就容易多了，也更名正言順。

資源共享是人脈存摺的基礎。大家都有一本存摺用來存錢的，現在連股票都有存摺，人脈也有存摺，人脈存摺放在你心裡，你存進去又提出來。這個其實就是借力，所以你要先貢獻這自己之所長，然後和別人共享資源，最終就可達成借力的目標。

☑ 利用工具和技術

例如，網路的力量。透過網路的力量，讓自己的生意擴展出去。再來就是透過工具產生複利的力量，像是投資股票基金，讓錢滾錢。

我旗下的公司名為采舍國際集團，它有三個網站，分別叫新絲路購物網，華文網網路書店還有美安新絲路華文網，跟美安合作後，我們三個網站全部的主機都已撤掉，全部雲端化，放在全世界最大的購物網站亞馬遜裡面，這就是借力。

亞馬遜最早只是賣書的，後來發展到什麼都能賣，而現在它還賣什麼？它讓全世界的企業都把它的主機放到亞馬遜裡。企業主根本就不用買主機了，直接用他們的設備你就可

以經營網路事業了，這就是你借力，他賺錢的 BM！

台塑也是一樣，台塑是賣什麼？它是賣塑膠的，而現在它把它的管理智慧也拿出來賣，「魚骨理論」是王永慶發明的，這些理論也被拿來賣，這些也全都是借力。

當然，眼下最流行的就是借用「平台」的力量。

在這個網路文化高度發展的今日，我們坐在家中就可以看到世界上各個地方的美麗風景，就可以欣賞到最新的流行節目。網路似乎讓「一切皆有可能」，平民大眾也能有屬於自己的「自媒體」。這在以前是想都不敢想的事，但現在善用「YouTube」、「Facebook」的直播，都有可能讓你實現你的夢想，甚至成為「網紅」。像目前當紅的「唐立淇占星幫」、「蔡阿嘎」、內地的「羅輯思維」、「papi 醬」都成功的利用「平台」來建立自己的自媒體，讓自己身價翻倍，建立起自己的事業，如同安迪・沃荷所言：「在未來，每個人都至少能成名 15 分鐘。」

✓ 複製系統

麥當勞席捲全球與中國，因為它的系統容易複製，有統一規定，有標準手冊可照表操課。像是直銷的制度，包含管理、獎金及教育訓練……等，都是複製系統的成功模式。

什麼是系統？什麼是被動收入？

我們培訓界的世界各大師都在追求系統，說有了系統之

後你就能賺取被動收入，那你要如何去建構自己的系統呢？什麼叫被動收入，被動收入就是什麼事都不做，還是會有收入進帳，我每天躺在家裡睡覺都會有收入，我出國環遊世界一個月完全不管事，這一個月我還是有收入，這就是被動收入。大家都說被動收入是靠一個系統去建立的，那麼，請問什麼是系統？怎麼樣才能賺到被動收入，又要怎麼樣去建構屬於你自己的系統呢？

例如，你可以利用大家的閒置資產，在網路上建構自己的租屋平台。如果你有一筆鉅額的財富存在銀行，就會有利息收入，不用做什麼，躺著也能賺錢。或有幾億去買整排的房子，成為包租公包租婆，就會有了被動收入（租金）。

在網路上建構一個平台。請問 Uber「優步」它自己旗下有幾輛車？答案是：沒有！台灣大車隊也沒有公司自己的計程車；知名的 Airbnb（線上短期租屋網，是一個讓大眾出租住宿的網站）它自己旗下有幾間房子？也是沒有。這就是系統。

在網路上建構一個平台，Uber「優步」的機制就是，在各地有車的人，願意開車的人，來為想要乘車的人服務，試想 Uber 為何能在中國大陸盛行，因為中國有很多國營企業，其董事長、總經理都有配車，有配車自然會配司機，所以當老闆或董事長出國個十多天，那司機就閒閒無事可做，他們就會去 Uber 兼個差，賺個零花錢，因為他們開的都是高級名

車，收費也沒貴多少，相比一般計程車，相對有競爭力，這樣的一個平台就是系統，一個撮合系統，只要你時間上可以，今天不想上班，想賺些外快，就可以上 Uber 平台載客，登記好就會媒合乘客從哪裡上車哪裡下車，車資談好就行了。

　　房子也是一樣，線上短期租屋網 Airbnb 為全球各地的觀光業帶來無限商機，它把需要地方投宿的買家以及準備出租自家空房間的屋主，透過網路平台來撮合、仲介買家與賣家。Airbnb 就是共享經濟的產物，對接有相同需求的人，在同一時空環境下共享資源。就是要像這樣建構一個平台，這就是系統，在建構的時候很辛苦，可是一旦建構完成你就能享有睡覺時也有收入進帳，因為在網路的世界裡一切都可以自動化。

　　真正的系統其實很簡單，說穿了就是成功地創業，形成一個系統。網路平台其實也就是一種創業。

　　賺大錢往往不能自己賺，要找團隊一起賺。你有看過路邊攤賺大錢的嗎？但是如果你看到路邊攤開始有分店，甚至於開始開起連鎖店，應該就會相信他準備賺大錢了。這就是「模式」複製的效果。

　　前文有提到為什麼躺著就能賺錢？系統是什麼？其實傳直銷也是很好的系統，但前提是你必須要做中高層，你不能是低層，而且是最後一隻老鼠，因為那樣你會虧老本的。所以做到傳直銷的中高層，那就是一個系統，它也能替你賺到

很多錢。但問題是你能不能做到高層呢？

借力不只是只借別人的力，你還可以借工具的力，借平台的力，借系統的力！由此，你便找到了槓桿的著力點，去撬動整個世界！當年我創辦「王道增智會」就是想建構一個平台，讓加入的人都能夠順勢而為，互相借力。

成功，不在於你能做多少事，而在於你能借用多少人的力去做多少事！做一個有借力意識，借力觀念，借力思維的人，成為一個既有能力又有方法的人。

學會借力吧！

借力使力怎麼玩？

The Secret Of Leverage & Resource Integration

1 可以租賃，何必擁有？

什麼叫輕資產？就是設備等什麼資產都盡量用租的，不要去擁有，不要買下來，請記住如果你將來要創業，房子要用租的，影印機也用租的，所有的東西最好都是用租的，因為用租的好處是，若是有一天你不做了，把它退租即可，你的損失也不會太大。

☑ 路是別人走出來的！

俗話說：「路是人走出來的。」自己要去開一條路實在是太累了……但如果是別人走出來的呢？是不是就輕鬆了不少？

在台北陽明山上靠近金山附近有一處八煙野溪溫泉，建議你一生一定要去一次。我高中時參加了建青社，建中登山社，我大學考上台大，主編台大青年，參加台大登山社，我記得非常清楚，我大一那年台大登山社數十名志工，翻山越嶺開發了八煙野溪溫泉，所以路是人走出來的，幾十年來陸續有人去走出那條路，不僅走出了一條路，還把溫泉弄成了

一池一池的，整理得很漂亮，因為是國有地，所以大家都可以去那裡泡溫泉。雖然路是（別）人走出來的，但如果你不知道路……你就不得其門而入，所以你需要我這個引路人帶你走一遍，你才會知道這野溪溫泉的秘境在哪裡。

八煙野溪溫泉的好處是完全免費，而且環境被整理得好好的。別人整理得很舒適，是為你弄的嗎？不是，他們是為自己弄的，因為想泡湯所以就自己動手把湯泉挖出一池一池的，自己泡得很舒服。他們享用完離開後，留下的池子自然是留給後來的人享用，這樣是不是路是別人走出來的呢？去八煙野溪溫泉本來是要從八煙（水中央）這個部落進去，但現在八煙這個部落不歡迎外人，所以我們從金山這邊進去，大約要走一個多小時，你會發現那裡真是個世外桃源，那裡有溫泉溪，有冷水溪，有冰水溪還有瀑布，全部都在那一區，是山友們口中的山中傳奇啊！王道微旅行年末就要去一趟八煙野溪溫泉，歡迎大家報名參加！

☑ 事業是借出來的！

長榮集團的創辦人張榮發，他四十八歲之前都是在跑船、存錢。他創業初期因還沒有能力買一艘船，所以他是先從租船開始他的事業。

在目前的經濟環境下，你要租任何東西都可以，因為有租賃公司，幾乎沒有什麼是租不到的。而租賃公司認為租金

收益比利息更好。租賃公司認為購置一項設備或將東西租給別人，或許年化收入百分之五，他就覺得不錯了。仔細觀察看看，都是誰在開租賃公司，都是那些金控公司，那些大的金融集團旗下都有個租賃公司。所以張榮發一開始是先租船，賺了錢才買自己的船。

在他事業的全盛時期，他公司買的船還是少於他租的船。張榮發為什麼會成為世界級的企業，因為他開發了一個環球雙向航線。長榮海運從台灣出發的船一天往西走，一天往東走，也就是說假設週一船往西航行；週二船就朝東航行，最後環繞地球一圈再回來。於是客戶的貨想運到哪裡他都可以接單，你要運到中東沒問題，美國西岸沒問題，美國東岸沒問題，歐洲也沒問題。別的台灣同業，通常是專營一個航線，例如專跑日本線的，自然只能接要運貨到日本的客戶。這會產生不均衡的問題，試想從台灣運到日本的貨和從日本運到台灣的貨數量會一樣嗎？台灣運到中東的貨和中東運回台灣的貨也不可能一樣多。那些船運公司普遍都有這樣的困擾。但是張榮發的環球雙向就沒有這些困擾，他在台灣接單，不論客戶要運貨到哪裡都可以接單，因為他的船是環繞地球一圈而行的。而且它是間隔的，一艘往東而行，下一艘就朝西而行，所以，如果一批貨是要運往日本的，他就會把這批貨安排在往東出發的貨船，如果是東南亞的貨他就放在往西的船上。當貨運抵日本之後，再接日本的貨，問日方這貨要運

往哪裡？不管日本那批貨要運到哪裡他也都可以接，不管是到美西還是台灣他都能接單，因為他是環球運行的。這當然需要很多船才可能實現，所以張榮發的船大部分是用租的。再加上因為他是大客戶，透過談判他可以用很低的價格租到船。只要租金比銀行利息有賺頭，通常船主是願意租給他的。

所以究竟是要造船、租船、還是借船？請仔細想清楚。張榮發是在四十八歲之後才開始脫離打工仔，租了一艘船創立長榮海運，等長榮海運成功了，他才又創立了長榮航空。

☑ 美國商人圖德拉空手打入石油界

美國傳奇商人圖德拉就是一個善於借力的人。圖德拉沒有上過學，但他憑著頑強的毅力自學成才。他一無關係，二無資金，他渴望做石油生意，居然還做得很成功，他是如何辦到的呢？

有一天，他從一名商界朋友那裡得知一個消息：阿根廷想採購兩千萬美元的丁烷氣體，於是圖德拉突發奇想，決定去阿根廷碰碰運氣看是否能談下這份合約。當他到達阿根廷時，他發現他的競爭對手十分強勁：英國石油公司和殼牌石油公司。他先做市場調查，並摸清一些情況後，他還發現另外一件事，他在報紙上看到一則消息：阿根廷牛肉供應過剩，該國正積極想辦法要銷掉這批牛肉。他在心中盤算了一下，決定好好利用這個天賜良機。

　　於是，他跟阿根廷政府交涉：「如果你們能向我採購兩千萬美元的丁烷，我就買下你們兩千萬美元的牛肉。」也就是說，以他買下阿根廷的牛肉為條件，阿根廷政府只要用兩千萬美元的牛肉，就可以得到兩千萬美元的丁烷，完全不花一分錢。這正是阿根廷夢寐以求的，於是當場阿根廷政府就給了圖德拉合約。

　　拿到牛肉的供貨合約後，圖德拉隨即飛往西班牙，那裡有一家國營的造船廠因缺少訂貨而瀕臨關廠危機，圖德拉對西班牙政府說：「如果你買下我手上兩千萬美元的牛肉，我就在你們的造船廠，訂製一艘造價兩千萬美元的超級油輪。」牛肉是西班牙居民的日常消費品，況且阿根廷正是世界各地牛肉的主要供應基地，造船廠何樂而不為呢？於是雙方簽訂了買賣意向書，西班牙政府的難題輕而易舉地解決了，不勝欣喜。立即透過他們駐阿根廷的大使，叫他們把圖德拉的兩千萬美元的牛肉直接運往西班牙。

　　牛肉有了買主，那麼油輪又賣給誰呢？圖德拉離開西班牙後，直奔費城到費城的太陽石油公司。圖德拉對他們說：「我將向你們採購兩千萬美元的丁烷。條件是你們的石油必須包租我正在西班牙建造的超級油輪來運輸。」石油公司見有大筆生意可做，當然非常願意。因為在產地，石油價格是比較低廉的，貴就貴在運輸費上，難也就難在找不到可靠的運輸工具，太陽石油公司同意了圖德拉的條件。

由於圖德拉的周旋，以他的智慧和計策使阿根廷、西班牙都取得了各自需要的東西，又出售了自己極待銷售的產品，也從中獲取了巨額利潤。一分不花，空手打進了石油界，實現了他進入瓦斯和石油業的願望。

這個故事給我們很多啟迪。所謂生意的成功、財富的累積，是巧妙地運用他人的資源來創造自己的事業和財富。

圖德拉沒有拿出一分錢，便擁有了一艘油輪，這是因為他深諳「整合」的奧妙，善於「借雞生蛋」，靠自己的「資源整合」功力，走上了發財之路。此外還要考慮到很關鍵的信用問題，之所以能成功，是因為這三方都信任圖德拉，如果沒有信任，根本不可能辦到。

很少有富人不是白手起家的。世界上許多巨大財富的起始都是建立在整合之上的。很多事實也證明，聰明的賺錢者都是能充分瞭解並能利用整合力量的人。富人之所以能夠成功，是因為他們深諳「借力使力不費力」的技巧。

先借力，後能力，就是最有智慧的人

李嘉誠說，創業只有兩個方法：造船過河和借船過河。他說：「人生路上，首先找到人生的導師。借用成功人士的眼光去了解趨勢。確定方向，先借力，後能力。先借船，後造船，抱團打天下！」

造船需要的是實力。最有智慧的人不是能力強，而是會

借力。所以先借力，後能力，就是最有智慧的人

　　例如，你打算開間小店做個小生意，資金、貨源、物流、倉庫、店面、房租、員工、人事、管理、同業競爭等這些大小事都需要你去處理、去張羅。但目前的市場環境跟三十年前大不相同，已供大於求，呈飽和狀態，很多人都想開咖啡店、開飲料店，做個小生意自己當頭家，用盡心思經營，去競爭，到頭來賺不了多少錢，自己勞心勞力，身心疲憊，去除房租，工資和各種成本，剩的往往只夠打平，或有甚者賺的錢很多又送給醫院（因為自己累得一身病），到頭來還是替「房東、員工打工」！

　　靠實力競爭，就是大魚吃小魚，小魚吃蝦，蝦吃泥。所以，最有智慧的人，不是能力強，而是會借力。

　　因此，當你覺得你的實力、能力還不強或不夠強大時，先借力，借船過河，先養精蓄銳，當實力強大的時候，再造船也不遲，就像長榮集團的張榮發先生就是典範！千萬不要像大部分的一般人，自己沒有實力卻要打造平台，一頭熱地投注在造船，一生都在造船，結果人財兩空，早就忘記過河的初衷了。

　　未來企業的資源除了人、財、物以外，還包括知識、時間、關係網絡、技術、公關等無形的要素。管理者如果不具備把資源整合在一起的能力，就會失去競爭的優勢和先機。尤其在競爭日益激烈的情況下，對手已經變得越來越難以應

付，所以，經營者或創業家如何借力使力、如何四兩撥千斤、如何調動所有可以調動的力量和資源，是考驗經營者整體素質的關鍵之所在。

2 我為人人，人人為我

異業結盟所秉持的精神就是「我為人人，人人為我」，以這樣的精神來整合團隊資源，打破傳統單打獨鬥的型態，善用借力使力，為每位參與者創造最大的利潤與價值。

異業結盟，首先是降低了企業行銷成本，再者，擴大了消費群體。在異業合作行銷中，由於行業性質不同，聯合各方的消費群體重疊度相對較低，通過聯合促銷，可以吸引對方的消費者，從而擴大自己產品的消費群體。同時，企業的品牌形象也得到了不斷提升。

網路的精神是什麼？

我的就是你的！你的就是我的！我的就是大家的！我為別人提供得越多，我就越有價值！只要我能創造價值，釋放能量，提供資源，我的盲點就會變成支點。

當我把資源釋出為天下人所用，那麼所有別人的資源也就可能都變成我的資源！

有了新的資源就可以改變舊的關係，建構新的體系，開創新的格局。

　　借力的根本就是你要有價值。你沒有價值，你就是素人，你就是小咖，那怎麼辦？那麼，你只好加入一個團體，讓那個團體來協助你完成借力這件事。

　　天下沒有白吃的午餐，你加入一個團體，當然要繳費，免費的通常都不是好的團體。

 ## 「飛哥英文」中的擎天數學

　　我人生中最大的財富是怎麼賺到的嗎？就是我教了二十年補習班，賺了很多錢，你現在試著在網路上搜尋「擎天數學」還是很有名的，當年我在建中就讀，全建中有三個學生數學最棒，一個是我，一位是沈冰，還有一位是沈赫哲。早年我除了有擎天數學家教班，我還同時經營出版社、大陸事業及其他副業，所以，這個數學補習班，我只能去教書，無暇顧及別的，我不能做老闆不能招生，沒有心力也沒時間再做別的行政方面的事情，因此我就找了「飛哥英文」合作，「飛哥英文」本身就有很大的教室，很多招生人員，很多資源。當然「飛哥英文」的一切資源都是為他自己的英文補習班而成立、配置的。他也沒有為我的數學班多徵一名員工或多租一間教室。可是我向老闆張耀飛說：「你總會有多餘的人力，空的教室可以挪來開數學班。」就這樣說服他與我合作，同意數學家教班的收入與我對分，每年他的英文補習班收入大約是兩億左右，那他「擎天數學」的收入大約是數千萬，這

數千萬的收入我和飛哥對分。飛哥為什麼同意，因為他補習班一年的成本大約是一億二千萬，那他辦了「擎天數學」之後他的成本增加了多少呢？並沒有增加，還是一億二千萬，這是因為他所有的成本都是為英文班而支出，對於數學班，他只是附帶地跟他的學生說，我們還有數學班，你要不要一起報名，可以有九折優惠。就像「赫哲數學」，你去那邊補數學，他一定會順便問你要不要補「非凡英文」是一樣的道理。

　　所以我數學班的學生人數大約是「飛哥英文」班人數的五分之一，他「飛哥英文」如果能招到六千人，我數學班大約會有一千多人左右，而且我從頭至尾不用做任何事，只要準時去上課即可。他所有數學的收入和我對分，因此就賺了不少錢。大家明白了嗎？我這是在借力。

　　那為什麼「飛哥英文」不可能跟「赫哲數學」合作？因為一山難容二虎，每到一地方我們都要弄清楚誰是老大，請問我和「飛哥英文」合作，誰是老大？自然是飛哥。當時飛哥的主要敵人是

「劉毅英文」，那時候我們還常聚在一起討論要如何對抗「劉毅英文」。當時劉毅出版了很多書，知名度很高，所以飛哥也想出書打打知名度，書裡面做「飛哥英文」的廣告。這對我來說很容易辦到，因為我就是開出版社的，所以我替飛哥出版了不少英文書，而出書並不只是可以打知名度而已，出書還可以做為招生的贈品，不管「劉毅英文」還是「飛哥英文」他們主要是做高中升大學這一塊，所以他們都是招收國三畢業生，如何讓國三畢業生來試聽，你的宣傳話術就可以說：「你不僅可以免費試聽英文課，我還送你價值 800 元的書」……這就很有吸引力了。

成功者多是借力而為：借別人的資金、時間、人脈、資源，借別人的知識、創意，借別人的通路……

見人所不見！或是……

✓ 見人所不見！或是雖見人所見，但想人之沒想！我們要用智慧去發現資源和資源之間的關係，試著建構新的關係體系。戰略高手或策劃專家靠的就是改變關係！

✓ 所以我們不僅僅要明白自己有什麼？更要到處看看別人有什麼？以及別人怎麼做？再設法把產品打造成作品！把服務昇華成交心！

✓ Heart to Heart：以心換心，彼此成全。成全別人最終會是自我最大的成全──這便是借力致富的終極之

秘！！

我在此與大家分享一個話術。假設你是名茶葉商，有客戶想向你訂購茶葉的話，你不能說：「你需要好茶的話，我可以協助你、幫助你。」這話讓對方聽起來好像是你要去幫忙他。其實並不合適，所以你的話術要改成說：「希望我能為你服務，感謝你給我一個能為你服務的機會。」到底是誰幫誰，我們首先要弄清楚的。現在是你要賣茶葉給對方，是你幫他嗎？還是他幫你呢？答案是他幫你，所以言談舉止之中，你要流露出你的感謝之情，謝謝他的幫忙，如此方能更易成交。

3 聯盟行銷，借別人的魚池

　　以「流量的秘密」借力聯盟行銷進帳十數億美元的網銷名人約翰‧里斯說：「我不自己培養魚池，我都是採用聯盟行銷，借別人的名單，然後收入拆分雙方各一半。」

　　約翰‧里斯（John Reese）在網路行銷界非常有名，他最有名的事蹟就是在 2004 年 8 月 17 日那天，透過 Internet，18 個小時賺進美金 108 萬。

　　他的做法是聯盟行銷，他不自己培養魚池，他跟所有的網路老師說：「你把你的名單借我，將來所有的收入，我讓你抽一半。」面對這樣優惠的條件，大部分的人都會欣然同意。但也是有少數平台表示不願意，而向約翰‧里斯要求收入拆分要給到三分之二，約翰‧里斯最後也答應了。然後他開始寄免費的網路行銷相關研究給這些名單會員，一段時日之後，與名單會員建立了基本信任後，他推出了一個銷售方案，他說他有一個增加流量的方法，叫「流量的秘密」要賣○○○○元，問所有名單會員：你願不願意買呢？

約翰‧里斯說：「建自己的魚池太慢了！想賺大錢，就借用巨人的魚池吧！」

但是，要如何做才能借到呢？關鍵有四：

1. 認清自己

2. 識人技術

3. 提出雙贏方案

4. 聚焦

所謂**認清自己**，就是要了解自己所處之層級，並找到與成功者的交集。這也是加入「王道增智會」等人脈社團的好處之一。

識人技術，指的是雖說人脈就是錢脈，但只有找到對的人才算得上是錢脈啊！這指的就是古人常說的門當戶對。

比方說也許你自認為你的產品郭台銘會有興趣，但是你和郭台銘門不當戶不對，所以你連郭台銘的面都見不到。但是我可以見到他，因為我有一個合作夥伴黃禎祥老師，他跟郭台銘的弟弟很熟，所以我只要問黃禎祥老師郭台強的行程中有沒有一個飯局是郭台銘會參加的，那我去就能順利見到他。只是我不是那種喜歡到處和名人攀關係的人。

但是對很多人來說，他想要找的借力對象，就和他門不當戶不對，這要如何去借力呢？要如何突破這個門不當戶不對的阻礙呢？

就是要加入某種團體或組織，當然不一定是要加入「王

道增智會」，比方說你可以去唸一個 EMBA，花費約二年～四年的時間，你就可以認識一些大咖的企業大老闆，從此以後你就有借力的對象。所以，你總要加入一個團體或社團，然後才能取得所謂的門當戶對，不然的話，你一個素人如何和名人對到話呢？

提出雙贏方案。借力，對借方或是出借方而言，都是為了有所利，有所圖而借，追求共贏、共好才有合作的可能。

不管成交還是借力，你要去了解對方心裡在想什麼？對方重視什麼？你不要認為你重視的就會是對方重視的，這是很多人做生意最常犯的錯誤。最大的錯誤就是把自己所想當作對方所想。事實上是要反過來把對方所想當作自己所想。所以你要去了解你要合作的對象，透過對接彼此的需求，運用彼此的權勢與本領互相交換，協同合作彼此互利，提出令對方心動的雙贏方案。

聚焦。指的是我們不可能對每位朋友都同時大捨大得以待！我們必須在平時就對那些可能產生最大借力效果的貴人們不吝捨得，用心經營。因為**養兵千日，用在一朝啊**！

第一次和名人或貴人見面，不適合初見面就提出借力要求，不宜馬上提合作案。第一次吃飯最好什麼都不要談只是先認識就好。我跟大陸那些書記來往也是一樣，第一次吃飯不會提出要求，反而是那些書記拿了我二十萬後會主動遞名片給我說：「王董啊，你將來若有什麼事，就打電話給我，

絕對沒問題！」

　　因為我要出版一本由李嘉誠合法授權的傳記，而要去採訪他，我就是經由廣東書記介紹才認識李嘉誠。通常有經過本人授權的傳記，書店下的採購量會比較多，受到市場的關注度也高。台灣書市共有六十七種《小王子》的版本，可是有一種通路的訂量特別多，是哪一種版本呢？《小王子》的作者在二戰時就已逝世，《小王子》的作者是個非常具有浪漫文藝氣息的人，二戰時他突發奇想地說要開飛機幫祖國去打德國，沒想到因此殞命。所以，有一家出版社說它出版的這本《小王子》，是由《小王子》作者聖修伯里的後人的後人的兒子的授權，只是因為這樣，訂量就特別多，不見得是內容特別好。同樣的道理，兩岸的書市李嘉誠的書一樣也出了很多版本，而我想出一本真正得到他本人授權的書，所以就親自去訪問他，我為什麼能訪問到他，很簡單，因為我有廣東省委書記的介紹，他就在我面前打電話給李嘉誠，雖然不是李嘉誠本人接的，是由李嘉誠的秘書接的電話，但這事就因此而促成。

　　2013 年，「王道增智會」創會 001 的招牌課程〈借力致富三部曲：絕對站上巨人肩〉，在行銷界吹起了一股巨大的借力致富旋風！在課堂上，提供給每位學員三套令人無法抗拒的樣版，所有學員都可以運用這三套樣版，改造屬於適合自己的借力樣版。

第一套樣版：打造一個沒有任何商品，也沒有任何資源，就能夠借力的樣版。

第二套樣版：利用現在已經擁有的商品，打造出一份借魚池的借力樣版。

第三套樣版：打造一份能有效放大自己目前資源，去向巨人借力的樣版。

這三個樣版，其實還少了一樣：**有魚池卻沒有商品的樣版。**

其實，沒有商品有沒有商品的優勢，沒有商品，相對來說，也就是沒有庫存、沒有相關成本，沒有商品的朋友更不會被商品原有的特性與包袱所困住，你可以更輕易地借商品，用行銷方式來獲取利潤。

為什麼沒有商品也可以做網銷呢，因為你可以做資訊型產品。就是直接可以在網路上傳輸販售的，都叫資訊型產品。就像是約翰‧里斯賣的「流量的秘密」。

借力樣版就是將整個借力的流程、觀念、架構、甚至是向合作者提案的完整文案話術，都包含在裡面，〈借力致富三部曲〉的培訓課程，除了幫助學員得到借力的完整 KNOW-HOW 外，更重要的是當學員們擁有這些樣版，並且透過簡單的更改，借力樣版就能符合其所需要借力的行業與對象。依靠借力樣版，能夠讓人在一個月內，創造出過去一年才能夠創造出來的績效，而且還會隨著時間逐月倍增威力。

什麼叫樣版，樣版就是別人已經寫好、整理好的東西，你只要稍微修改就能自己用。其實就是一種話術與一種文案，你只要依自己的行業或產品做適當的修改就能使用了。

整個網路行銷談的其實就只有兩件事：

一是如何獲取名單；

二是如何取得這些名單的信任。

名單就是魚池，你何必自己辛辛苦苦建立名單。有很多人有自己的魚池，你為什麼不去借用他的魚池呢？你借他的魚池並不是要他魚池的所有權，這而是要他魚池一次或數次的使用權，對對方而言損失並不大。

什麼叫互補？就是你的業種跟他的不一樣，對他來說就沒有影響。因為你是做這行的，他是做另一行的。

我跟杜云安老師有合寫一本書《把信送給加西亞》，照慣例這本書的書後會做一些書內廣告。而我禮讓他，以他為優先，所以他是放他創富的課程，而我在書裡做的廣告是出書出版班的廣告，這是為什麼呢？因為出書出版班這樣的課程，杜云安和創富集團是不會開的，這就是互補的概念。

在「王道增智會」的首創課程〈借力致富三部曲〉課堂上，

學員們學習到：

- ✓ 如何找到你的利基市場？
- ✓ 為什麼錯的利基市場，再好的產品與行銷也很難有效！
- ✓ 29 個國外已經證實能讓你賺到錢的利基市場！
- ✓ 如何確保你做出來的產品客戶會購買？以及實際可執行的步驟！
- ✓ 建構網路產品計畫書
- ✓ 15 個步驟建立你的網路產品事業
- ✓ E-mail 精準行銷的 10 個法則
- ✓ 10 個別人沒有告訴你的有效文案撰寫法則
- ✓ 魚池矩陣直效行銷聯盟
- ✓ 網路創業藍圖
- ✓ 自動財富系統
- ✓ 一毛不花，成為各大搜尋引擎冠軍
- ✓ 股市祖師爺合法投機秘笈
- ✓ 說故事的行銷力量
- ✓ 非常手腕＋策略對決＝商場勝出學
- ✓ 從對的行銷開始的集客力

　　這是為期三天的培訓課程，參與學員們莫不受益匪淺，實際運用學習到「如何掌握致富的關鍵秘密，讓錢不斷自動流進來」，皆成果斐然。

只可惜，這堂課目前已成絕響！

現在，有一個千載難逢的機會！讓曾經錯過這堂「借力致富三部曲：絕對站上巨人肩」課程而扼腕非常的朋友們，將有機會得到課程的全紀錄詳細內容。

新絲路網路書店 www.silkbook.com 隆重獨家推出「借力致富 A 方案」給您！

借力
致富
A 套餐

本套餐包含「借力致富三部曲：絕對站上巨人肩」課程上課用書 7 大冊、王寶玲博士授課影音光碟、講義、完整筆記、還包含價值 4990 元王紫杰老師「創富課程：e-TRACK 打造您百萬人生」影音光碟。

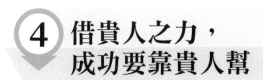

4 借貴人之力，成功要靠貴人幫

　　借力前做好人情投資，在這個社會上，想要辦事順利，光靠一個人的力量是不夠的，我們要提前準備籌畫，把人情投資做好，這樣辦起事來就容易多了。

　　亞洲首富李嘉誠在總結自己成功經驗時曾說：「良好的品德是成大事的根基，但是，成大事的機遇是靠遇到貴人。」人在尚未功成名就之時，難免**需要有貴人借助你一臂之力**。有了貴人，不僅能為你加分，還能加大你成功的籌碼。

　　「人脈」是最典型的「矩」，一件你做不到的事，但朋友或是貴人的一句話就幫你擺平，這就是槓桿點發揮了作用。因為講一句話不用什麼成本，但可以發揮的效益卻很大。

　　所以各位要找到人脈的平衡槓桿，在上面利用別人的權力來幫助你事半功倍，但是你要能捨得，要先用小的投資來賺取後面即將借到的力。

　　但萬事求人難。用人情打通關係固然是好，但並不是一用就能見效。如果你希望自己的人情投資有效，就要有預見性地先做感情投資，並耐心等待，這樣才會收穫成功的喜訊。

　　一份研究調查指出，凡是做到中、高級以上的主管，有90% 的都受過栽培；至於做到總經理的，有 80% 遇過貴人；自己當老闆創業的，竟然 100% 全部都曾被人提拔過。

　　也許有人要問：「誰是自己的貴人呢」，其實，貴人就在我們的身邊，他可能是某位身份顯赫的高官，也可能只是令你心儀已久而欲模仿的目標，無論在經驗、專長、知識、技能等各方面都比你略勝一籌。因此，貴人也許是你的師傅，也許是你的教練，或者是你的引薦人。

　　一個人要想尋找到自己的貴人，就需要用心去留意、去觀察、去把握，學會對每個人熱情相待，學會把每件事做到盡善盡美，學習對每一個機會都充滿感激，並隨時與你周邊的人保持親密的關係，只有這樣，貴人才會在無意之中、在你需要幫助的時候、在你陷入困境時及時地來到你的身邊，助你一臂之力。

　　一般來講，**一個人的成功路徑大致有三種：自己努力去成功；與成功的人合作；得到成功的人的支持**。生命中的貴人可遇卻難求，但關鍵的是如何抓住機遇和以何種責任、品格去經營你的事業。鍾彬嫻就是因為抓住了機遇，才坐上雅芳 CEO 的寶座。

　　鍾彬嫻是雅芳公司的 CEO，是《時代》雜誌評選出來的全球最有影響力的 25 位商界領袖中唯一的華人女性，她的成功許多人都認為是個奇蹟。

剛從學校畢業時，鍾彬嫻一無背景，二無後臺，她的第
一份工作是美國布魯明戴爾斯百貨公司（Bloomingdale's），
因為這家公司承諾培養女性，做她喜歡的行銷工作。在那
裡，她結識了職業生涯中的第一位貴人——布魯明戴爾斯百
貨公司（Bloomingdale's，是一家高檔連鎖百貨公司，是梅
西百貨的子公司）的第一位女性副總裁萬斯。在自己的努力
和萬斯的提拔下，鍾彬嫻 27 歲就進入了公司的最高管理層。
一九八六年她跟隨萬斯跳槽到瑪格寧百貨公司（I. Magnin）
工作，鍾彬嫻在三十二歲時就是 I. Magnin 的第二號人物（二
把手）。後來，為了尋找更大的發展空間，鍾彬嫻辭去了副
總裁的位置，應聘到了雅芳公司。在那裡，遇到了她的第二
位貴人——雅芳公司的 CEO 普雷斯。由於普雷斯的欣賞和舉
薦，加上她個人的努力，鍾彬嫻最終坐上了雅芳公司 CEO 的
位置。

人脈與貴人需要用心經營

有些人誤以為只要耐心地等待，那些人脈、貴人就會降
臨身邊。其實，人的一生本來就有諸多機會能遇上不少的人
脈，只不過因為我們缺少發現貴人的眼光和經營貴人的能力
罷了。

當貴人出現時，若是沒有把握住，就會和貴人失之交臂。
人脈與貴人和朋友一樣，也需要用心去經營，廣開門路。

在歷史上，裴矩就是一位善於經營貴人的高手。

古語有云：「忠臣不事二主。」但是裴矩一生卻經歷了三個王朝，侍奉過七個主子，而且深得各位主子的喜愛，無論在北齊，還是在隋唐，他都能春風得意，官運亨通。這並不是因為他有做官的法寶，而是他懂得如何去經營自己的貴人。聰明的裴矩在依附眼前主子的同時，眼觀六路，耳聽八方，給自己找到了一個又一個的「靠山」——貴人。

例如，在侍奉隋煬帝時，裴矩觀察到隋煬帝是一個好大喜功的人，於是他投其所好，想方設法挑動他拓邊擴土的野心。為了取悅皇帝，裴矩不辭辛苦，親自深入西域各國，瞭解各國的風俗習慣、山川狀況、民族分佈、物產服裝等情況，並將這些資料進行編撰，寫了一本《西域圖記》，他的傑作果然深得隋煬帝的歡心，隋煬帝便大手筆地賞賜他，每天將他召到御座旁，詳細詢問西域狀況，並將他升為黃門侍郎，讓他到西北地方處理與西域各國的事務。裴矩不負所望，說服了十幾個小國歸順了隋朝。

有一年，隋煬帝準備到西北邊地巡視，為了顯示出隋煬帝的龍威，裴矩不惜花費重金，說服西域二十七個國家的酋長佩珠戴玉、服錦衣繡、焚香奏樂、載歌載舞，拜謁於道旁，又命令當地男女百姓盛妝打扮，夾道圍觀，隊伍綿延數十里，可謂盛況空前。見到這麼隆重的場面，隋煬帝自我感覺良好地以為是自己國富力強，深受到外族的敬重，因此，他異常

高興，又將為此事操勞的裴矩升為銀青光祿大夫。

　　裴矩一看他的計畫屢屢奏效，便越發別出心裁，勸請隋煬帝將天下四方各種奇技，諸如爬高竿、走鋼絲、相撲、摔跤以及鬥雞走馬等各種雜技玩耍，全都集中到東都洛陽，讓西域各國酋長使節觀看，以示國威，前後歷時一個月之久。在此期間，他又親自率人到洛陽街頭大設帳篷，盛陳酒食，讓外國人隨意吃喝，醉飽而散，並且分文不取。雖然這花費了大量的銀兩，但隋煬帝卻十分滿意，對裴矩稱讚有加，說道：「裴矩是太瞭解我了，凡是他所奏請的，都是我早已想到的，可還沒等我說出來，他就先提出來了，如果不是對國家的事處處留心，怎麼能做到這一點？」高興之餘，皇帝對裴矩進行賞賜，裴矩不僅得到賜錢四十萬，還得到各式珍貴的毛皮及西域的寶物。

　　裴矩想方設法地取悅隋煬帝，在得到其重用的同時，也成就了他的富貴人生。然而，當隋煬帝這棵大樹日漸衰落，走向了亡國邊緣的時候，裴矩也開始轉舵了。當時，他已經看出，隋煬帝已是日暮途窮了，再一味地討好他，自己也會遭殃。於是，他將討好的目標轉向那些手握兵權的大臣，他見了這些人總是低頭哈腰，哪怕是地位再低的官吏，他也總是笑臉相迎。

　　為了取悅士兵和軍官，他向隋煬帝建議：「陛下來揚州已經兩年了，士兵們在這裡形單影隻，也沒個貼心人，這不

是長久之計，請陛下允許士兵在此娶妻成家，將揚州內外的孤女寡婦發配給士兵，原來有私情來往的，一律予以承認！」他的建議得到了隋煬帝的批准。士兵們皆大歡喜，對裴矩讚不絕口，紛紛說：「這是裴大人的恩惠啊！」因此，後來當將士們發動政變，絞殺隋煬帝時，其身邊的一些寵臣都被亂兵殺死，唯獨裴矩無事，並和士兵們及軍官們相處得很好，他們都異口同聲大讚裴矩是個好人，裴矩從而在這場政變中保全了自己。

後來在服侍唐太宗時，他看到唐太宗喜歡諫臣，於是搖身一變，也成了直言敢諫的忠臣了。那時，唐太宗對官吏貪贓受賄之事十分擔憂，決心加以禁絕，可又苦於抓不住證據。有一次唐太宗派人故意給人送禮行賄，有一個掌管門禁的小官接受了一匹絹，太宗大怒，要將這個小官殺掉，裴矩諫阻道：「此人受賄，應當嚴懲。可是，陛下先以財物引誘，因此而行極刑，這叫做陷人以罪，恐怕不符合以禮義道德教化人的原則。」

唐太宗接受了他的意見，並召集眾大臣說道：「裴矩能夠當眾表示不同的意見，而不是表面上順從而心存不滿。如果在每一件事情上都能這樣，還用擔心天下不會大治嗎？」自然，裴矩也獲得了唐太宗的信任與青睞。

在這樣一個動盪而又危機四伏的社會裡，裴矩能夠如魚得水，在諸皇帝面前遊刃有餘，做到左右逢源、處處得意，

主要是因為他識時務，只要能提拔他、幫助他的人，他都盡
力地去靠，使這些人成為自己的貴人，從而為自己贏得了一
次又一次的機會。由此可見，貴人貴在用心經營，只有經營
好了，我們才能得到更多的利益。

　　「人脈」你要自己去建立，人生不可無貴人，成功的道
路坎坷難走，在成功的道路上越擁有廣泛的人際關係，**累積
你的「人際儲蓄」**，你就有著更大的機會能獲得貴人的相助。
只有讓貴人賞識你，信任你，認識你，才能贏得貴人的幫助。
你就可以在自己選擇的道路上架起一座通往成功的橋樑。

　　所以，現在就開始建構屬於你自己的人脈存摺吧！

5 廣借人脈之力，輕鬆辦事

俗話說：「多個朋友多條路，朋友多了路好走」，無論是工作中，還是生活中，我們都不能缺少朋友。多交一個朋友就多一條路，也就多了一份選擇。任何人都離不開朋友的鼓勵、幫助和支持。

從某種意義上來說，攢朋友、存人脈比攢錢更重要，因為朋友不僅能為我們提供有價值的資訊、資源和機會，更可以幫助我們排憂解難。

卡內基結合自己長期研究得出結論：「專業知識在一個人成功中起到的作用只占 15%，而其餘的 85% 則取決於人脈。」所以說，不懂得或不善於借人脈之力，一個人單槍匹馬是很難有大作為的。因此，一個人要想獲得成功，必須用心經營自己的人際關係網。借助自己的人脈之力辦事，做事就會顯得分外輕鬆。

中國知名的百富榜上 60% 的企業家最看重的十大財富品質中，「機遇」排在第二位。而「機遇」的潛臺詞是「人際關係」，因為人際關係越好，機遇相對就會比較多。

　　要想比別人擁有更多的機遇，就需要多元有效的人際關係網。比如，一個人脈廣、社交能力佳的人找工作謀職位，往往就能借助人脈的力量比他人早得到用人資訊，自然能早一步投遞簡歷，獲得這份工作的可能性也更大；而有時，企業招聘的資訊也僅僅對部分「圈」內人士公開，如果沒有圈內人脈資源，那根本無法獲得這類資訊。可見，有了人脈才會有更多的機遇，才有更多獲得財富和成功的可能。

　　要獲得更多朋友的支持，必然需要多與朋友交往，多為朋友做點事。唯有平時多付出，才能在自己需要幫助的時候獲得他人的支持，這是維護朋友關係的一條定律。愛默生曾經說：「處世之道，貴在禮尚往來。如果想獲得友誼，就要多為朋友效力。」而著名人際關係大師卡內基也有相似的結論：「如果你想交朋友，請先為別人做些事——那些需要花時間、體力、體貼、奉獻才能做到的事。」

　　總之，試著廣結善緣多結交些可靠的朋友，並且與他們保持良好的關係，「無論新舊朋友，只要用心經營，都是好朋友。」這樣你的人脈必然會越來越寬廣。

借同事之力

　　在這個世界上，一個人即使是天才，也不可能樣樣精通，這就意味著每個人都有自己不能完成之事。但是，人有所長，尺有所短，你不能完成的事，總會有人能夠完成。因此，如

果你懂得並善於借他人之力，就能事事順心。

　　在既有分工，又有合作的時代裡，幾乎沒有一件工作是不需要別人幫忙而獨立完成的。大多數人只是在做著某個環節的工作而已。比如，假如你是出版社的編輯，如果沒有好的主題、好的企畫，你的文字能力再強又有什麼用？反之，有了品質精良的出版品，如果不借助發行人員的力量，這又有何用呢？所以說，一個人是很難僅憑自己的力量來辦完整個流程之事的。

　　同樣地，在工作中，有些事情需要其他部門、其他同事配合；也有些事情，因為我們不具備這方面的知識或經驗欠缺，根本不知該如何去處理，這時，我們就需要借助同事的力量來解決難題。

　　人們在運用關係網辦事時，總認為同事之間因為存在利益衝突而不能成為朋友，實際上，這是一個錯誤的、片面的認識。在職場中，同事之間更需要同舟共濟，特別是因為在一起共事，友誼會自然而然地產生。在辦事情時，如果我們不懂得借用同事關係，不但有些事辦起來費勁，還容易讓人覺得你沒有人緣。

　　在人際關係網路中，同事是最大的財富。無論是現在的同事還是以前的舊同事，只要我們真誠地和他相處，就會和他們成為朋友。因此，每個人都要珍惜與同事之間的友誼！他不僅能在你不開心的時候為你找到快樂，讓你寂寞時不覺

得孤獨，他還會影響與左右你的事業成敗與未來生活呢！

在借同事的力量辦事時，我們需要注意以下幾個重點：

①▶ 重視溝通與合作：

要注意加強與周圍同事的溝通，培養合作精神，使他們樂於配合你的工作。

對資深員工要虛心請教，真誠待人；對身邊新入職的同事，不妨當面遞上一張自己做的卡片，除了自我介紹之外，再附上一段你的祝福語，簡簡單單就營造了親和力。這樣，在你以後的工作中，就會得到大家鼎力相助，能巧妙借助他人的力量來完成任務。僅僅憑著虛心請教的姿態和幾句溫暖的話語，就為自己輕鬆地編織了一張人際網，占盡了主動的先機，何樂而不為呢？

②▶ 找同事辦事要誠心誠意：

請同事辦事，就要先說明究竟要辦什麼事，坦言自己為什麼辦不了，為什麼要找他。這樣精誠所至，只要是同事能力所及的事，一般是不會拒絕你的。假若你在請同事幫忙時，畏畏縮縮，想托人辦事又神神秘秘，不把事情說明白，容易令同事覺得你不信任他。

❸ 要以謙和的態度去面對同事：

在要求同事辦事時，語氣一定要誠懇、客氣，而且要以徵詢的口吻與同事溝通，總之，要給對方極大的尊重。當同事感覺到你對他的重視後，他在心理上就會滿足，這樣，同事如果覺得事情好辦，自然會自告奮勇地去辦。如此一來幾句客氣話，是不是省去了許多麻煩。辦完事之後，一定不要忘了感謝同事，當面向他說聲「謝謝」，留給同事好印象。

❹ 找同事辦事要目標明確：

一些比較籠統不明的事不要找同事去辦，辦一件事之前，要先瞭解這位同事的社會關係，以及這件事對他而言是否難度太大、不好辦，只有掌握了這些情況，你才能做到張口三分利，也不至於令同事左右為難。

❺ 要分清有些事情不能找同事：

自己能辦的事盡量自己去辦。如果同事不能直接辦也得「人托人」，這樣的事，不如轉求他人。和同事利益相抵觸的事不能找同事去辦，即便這利益涉及到的是另一名同事。

✅ 借同學之力

在激烈的社會競爭中，人際關係網路是一個人事業成功

必不可少的社會資本或社會資源。而同學之間所構建起來的「同學關係」可說是人生一筆不可多得的「關係資源」，對於一個人的社會地位和事業發展的提高更是具有不可替代的「利用價值。」

例如，雅虎的楊致遠和史丹佛電機研究所博士班的同學大衛・費羅；微軟的比爾・蓋茲和童年玩伴保羅・艾倫；HP的大衛・普克德和他在史丹佛大學的同學威廉・惠利特等，他們都是先經過同學間的相互幫助與扶持，然後再合夥創業，從而取得成功。

據市場調查指出，一些有經驗的職場人士在尋找高端的工作時，有近半數就是依靠過去的同學推薦或介紹，由此可見同學關係所蘊藏的人脈力量。

胡麗娟是美術系剛畢業的女生，對布料與服裝設計非常感興趣，只是剛開始進入這個行業非常困難，因為無論是自行使用布料的服裝設計師，還是製造服裝的工廠都有自己的供應商。對於一個完全陌生，甚至還只是初出茅廬的布料設計者，他們根本就沒有什麼興趣。

有一天，胡麗娟拿著一批自己耗費心力、精心設計的作品，來到一家知名的服裝設計師的公司。助理設計師本想打發她走，可是見她一副誠懇、真摯的模樣，便於心不忍地對她說：「好吧！我拿進去給設計師看一下。」

過了一會兒，助理設計師出來對她說：「設計師說，我

們收到的設計圖太多了，根本沒時間看。」於是，胡麗娟又跑了幾家製造服裝的工廠，結果也是一樣。她四處碰壁，心情十分沮喪。

遭受多次碰壁的她突然想到自己的中學同學是小有名氣的歌星，她想或許在同學的幫助下，可以順利地進入服裝設計行業。因此，在一次簽名會上，她以一副十分崇拜的粉絲模樣擠在一堆歌迷裡面。好不容易輪到她和那位歌星同學握手時，胡麗娟從背包裡拿出一些布樣和自己的設計圖，對她的同學說：「我好崇拜你，老同學，真想為你設計漂亮的服裝，請你在這幾塊布料上為我簽名。」

歌星見是老同學，又聽她稱讚自己，自然滿心歡喜。她看了這布料和設計圖，驚喜地說：「哇！好漂亮！請你和我的服裝設計師聯絡，我想用這些布料做衣服。這是她的電話，就說是她叫你去找她的。」

胡麗娟開心地說：「太好了！我明天就去。」

第二天一大早，胡麗娟就來到先前她被潑了一盆冷水的知名設計師的公司。她拿出有女歌星簽名的布料，對助理設計師說：「是我同學叫我來找你們的，她說要用這些布料做衣服。」

助理設計師進辦公室不到幾分鐘，設計師就帶著滿臉的笑容走出來見她。胡麗娟就這麼走進了這個行業，一步步實現自己的夢想。

　　胡麗娟就是因為能獲得老同學的從中牽線，才能進入服裝設計行業，也才有後來的成功。從這個故事中可以看出，借助同學的力量推銷自己，可以少走許多彎路，也更容易取得成功。

　　基於同學關係的重要性，美國知名的哈佛大學（Harvard University）就十分注重培養學生建立人脈的能力，學校還專門為校友建立了校友聯絡網路，為全世界的哈佛畢業生提供交流的平台，令成千上萬的人得到了校友的幫助。

　　同學關係是很重要的人脈資源，但要注意的是，平時一定要注意與同學相互聯絡、培養感情。只有經常聯絡，同學之情才不至於越來越疏遠，只有這樣同學才會甘心情願地幫助你。同學是我們寶貴的人脈資源，無論是從實用意義，或從情感價值角度去看，同學之間的情誼都是值得我們去維繫和保持的。因此，不論本身所屬的行業領域如何，我們都應與最易聯絡的同學建立關係。然後，從這裡擴大交往範圍，逐步建立起一個穩固而良好的人脈網路，為自己的成功找到助力與借力之源。

　　大家離開學校後，仍可藉 EMBA 與各種培訓課程建立新的「同學關係」，此種同學往往能發展成你的貴人！我從今年起開始收「弟子」，弟子間也以同學相稱而組成了一個高端的人脈網絡。

✅ 善於利用親戚關係與同鄉情誼

有關係好辦事，不論是工作或是做生意，有不少事我們就是依託親戚的關係辦成的，也有不少職場新鮮人是經由親戚介紹找到自己的第一份工作。例如，世界首富比爾‧蓋茲正是因為母親的介紹才能結識到 **IBM** 的高層，才能賺取自己的第一桶金；著名人脈大師哈威‧麥凱也是因為父親的關係，才獲得了他平生第一份工作。可見，親戚關係是個人人脈中相當重要的借力來源。

親戚關係作為我們人際關係中相當重要的組成部分，是一種穩固並且信任感較強的關係，不應該被我們所忽視。我們應把握逢年過節的機會，把握適當時機，多與親戚聯繫、多在親戚間走動，這樣才能維護好親戚這一重要的人脈資源。

俗話說：「人不親，土親」。在官場上，大家可以政見不同，但同鄉之間多少還是要留些情面，關鍵時候更要互相幫助一把。

在人際交往中，搞好老鄉關係非常重要，不僅可以結交多個朋友，拓展自己的人脈關係網，最重要的是當你需要幫助時，你可以借助老鄉的關係，解決一些難題。在華人社會中，老鄉是一種很重要的人脈資源。因為是同鄉人，在辦事情時，就會講究同鄉之情，就會按照「資源分享」的原則，給予適當的「照顧」。例如北京〈羅輯思維〉創辦人「羅胖」

是安徽人，他大學畢業後，不論與哪個單位打交道，都是先找這個單位的安徽人幫忙！通常都會無往而不利！他也就在媒體業逐漸奠定了自己自媒體的地位而成功創業。

人與人之間如果沒有交情，不論是借錢或是借力都是不可能實現的，正如你不可能隨隨便便將錢借給一名陌生人一樣。

從某種程度上來講，溫州人是最重視交情的，因為有了交情，大家才能互相幫助；而交情是什麼呢？就是親戚關係、朋友關係、同鄉關係，這三大網絡就是溫州人人際關係網的基本組成。因為有了交情，大家才有了可「利用」的理由。你跟別人沒有一點交情，別人怎麼可能借錢給你呢？即使是從彼此認識的溫州商會中借錢，那也有最基本的交情做為基礎的，至少大家還是同鄉！

因此，在人際交往中，借助老鄉關係，對於幫助一個人辦事成功，作用是絕對不可低估的，尤其是當您想西進或南向擴大事業半徑時。

要做好的借力，就要做到以下四點：

1. 要做到多交朋友，以開放的心態去容納別人，對任何人事物都不要太過於的計較。

2. 善待身邊的每一個人，千萬不要低估你身邊的任何人。因為說不準哪一天，這些不起眼的人物中，就有人可能助你成功。

3. 要抓住貴人！一定要注意與他們維繫好關係，建立情感基礎，等你有事情需要他們幫忙的時候，他們才願意幫你。

4. 不要太計較的心態比較能借到力，若是凡事都太愛計較，最後你會借不到力。所以借力成功甚至事業成功的關鍵就是「捨得」二字罷了！

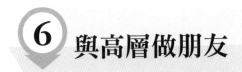

6 與高層做朋友

　　在美國好萊塢流行一句話：一個人能否成功，不在於你知道什麼，而是在於你認識誰。這句話就是強調人脈的作用，良好的人際關係是一個人通往財富、成功的敲門磚。

　　一般的上班族，能建立怎樣的人脈？ 俗話說：「成功者吸引成功者，打工者吸引打工者。」這代表什麼意思？就是——「**物以類聚；人以群分**」。想一想，你的身邊周圍都是些什麼樣的人呢？

　　你如何建立人脈呢？如果你只是領薪水的，而且又像幾米的「向左走向右走」慣性般地你每天向哪裡走，就永遠朝那裡走，會遇到的人幾乎沒什麼變化。而你又是個領薪水的上班族（中國及 H.K. 稱打工仔），那你的人脈圈就永遠突破不了，這牽涉到你每天走的路和你認識的人。

　　是金子總會發光，但是如果能提早發光或是能把握更好的機遇不是更好嗎？在現實中，有不少人胸懷大志，才華橫溢，有學歷也有能力，但是卻依然懷才不遇，鬱鬱不得志。究其原因，往往就與不懂得建立人脈網路、經營朋友關係有

關。雖然說你自持自己是匹千里馬，但是依然需要有伯樂賞
識，伯樂就需要我們透過人脈自己來尋找，結識和維護。

　　曾經有這樣一篇報導，在中國到中央黨校學習，已成為
廣東私人企業老闆的一種時尚。據資料顯示，從廣東非公有
制經濟發展論壇上公佈的資料看，廣東是私企老闆到中央黨
校學習最踴躍的省份，去年廣東就有四百多名私企老闆自費
到中央黨校學習，學政治，學管理，瞭解經濟形勢，其中，
不乏是上了財富排行榜的億萬富翁、行業領頭羊之類的人物。
一年四期的民營經濟與實務進修班，每期招收全國學員約
一百五十人左右，來自廣東的私企老闆均超過三分之一，有
一期還去了九十多人。甚至有黨校老師開玩笑說，聽到那麼
多學員在課堂講廣東話，還以為到了廣東。

　　這些私企老闆為什麼花費大量的財力、精力和時間去中
央黨校進修學習？原因之一就是為了累積人脈。有不少企業
老總表示，儘管到黨校「拔階」學習，會耽誤一點生意，但
是能學到各類管理技巧與破解難題的方法，更重要的是還能
結交更多各地的朋友。

　　在中央黨校學習，能結識全國各行業的精英人士，相對
地，也能在人脈網路中尋找各類機會。

　　此外，你也可以去大陸唸一個EMBA，但要花費約二年～
四年的時間、五、六十萬人民幣，然後你就可以認識到那些
書記和企業大老闆，從此以後你就有借力的對象。由於會去

讀 EMBA 培訓班的往往都是各個企業中的精英，其參加培訓的目的不僅僅在於學習充電，還為了結交更多的同類人才，深耕高品質的人脈關係，從中尋找機遇。但是在習近平上台之後，禁止各地的書記去上 EMBA，所以現在這條管道也斷了。

也就是說，你總要加入一個團體或社團，然後才能取得所謂的門當戶對，不然的話，你一個素人如何和名人對到話呢？所以你要借由一個團體和「六度分隔理論」也就是節點去做突破。六度分隔理論（英文：Six Degrees of Separation），即假設世界上所有互不相識的人只需要很少的中間人就能夠建立起聯繫的理論。哈佛大學的心理學教授斯坦利‧米爾格蘭姆在 1967 年提出的「六度分隔理論」指出：只需要六個人就可以聯繫起互不認識的兩個人。

當然我個人能力有限，只能讓你加入「王道增智會」認識不同領域的人，帶弟子們認識大陸比較高層的人，而你自己更要突破。如果是十年前的話，我會建議你去唸 EMBA，我女兒現在在美國杜克大學唸研究所，我兒子現在在唸政大經濟系大四，他說他正準備考研究所，你猜你建議他唸哪裡呢？我的建議是北大光華管理學院。因為我希望他能走出目前的窠臼，這與工作半徑和你認識什麼人都有關。

許多時候，在同等的條件下，善於與人交往，擁有人脈資源的人更容易受到矚目，甚至一個遜於自己的人，卻獲得

了最終成功的機會。為什麼？因為他比別人更有人脈。

事實證明，人們機遇的多少與其交際能力和交際活動範圍的大小幾乎是成正比的。在我們身邊，有不少成功人士依靠某一共同點結識朋友，通過朋友再認識朋友，一直把關係建立到全球，從而一步步成功崛起。

☑ 借助已成功人士之名達到自己的目的

小銘在學校裡把爸爸剛給他買的手機給弄丟了，於是趕緊給爸爸打了個電話：「爸，我手機不見了，您快來學校一趟吧！」

小銘的爸爸正在工地幹活，聞言開口就罵：「小兔崽子，老子賺錢容易嗎？非扒了你的皮不可！」說完，就急匆匆地往學校趕。當初，是小銘死纏硬磨，小銘的爸才肯買手機，而小銘居然還偏要買個大品牌的。現在丟了，小銘的爸可心疼了。

小銘的爸一進辦公室，抓住小銘就要打，幸虧被老師攔住了，她說：「小銘爸爸，您不能這樣教育孩子呀，我們已經在校園廣播台播放了尋物啟事，等等看有沒有人送回來。」

半天過去了，也不見有學生把手機送回來。小銘苦著臉對老師說：「撿到東西，誰還會給你送回來？」老師琢磨了片刻，突然眼前一亮地說：「有辦法了，也許呀還真的能讓人家給你送回來……」說完就走出辦公室。

　　沒過多久，老師氣喘吁吁地跑回來，說：「找到了，手機找到了。」接著她從一個塑膠袋中一股腦倒出好幾台手機，什麼牌子的都有，小銘很快就找到自己的手機。

　　小銘爸爸幾乎不敢相信，愣了許久才問道：「老師這是怎麼回事呀？」老師很得意，卻沒有說話，只是做個手勢，讓大家安靜地聽外面的廣播：「現在播放一則尋物啟事，校長於今天早上在校內遺失一部手機……如有拾獲者，請交到學務處，記嘉獎。」

　　小銘爸爸更是一頭霧水：「不是我們丟了手機嗎？怎麼連校長也……」老師這時「撲哧」地笑了：「學校校長最有名，沒看電視上代言產品都得請明星嗎？我不過是把小銘的名字換成了校長，撿到手機的學生就沖著校長的名號和記嘉獎來的。」

　　以上的故事告訴我們，為自己尋求一些貴人作為背景可以借力使力，從而使自己儘快得到提拔，讓英雄有用武之地。

　　如果各位有機會和我到大陸，當我介紹你們和各省市書記見面，一定要把握機會和書記合照。即使他和你不熟，但礙於我在現場，他也會欣然同意。此後當你之後再到那個省市，只要拿出這張合照，不論辦什麼事就順利多了。因為大陸還是個充滿著看關係、講權勢與人脈的地方。

7 借名人之力抬高自己

　　沒有人脈，沒有平台，你可以去借。所謂借力，借的當然是自己沒有的。

　　在清朝，政府官員一般都是靠「貴人」寫推薦信來舉薦的。但是清朝的軍機大臣左宗棠從來不給人寫推薦信，他說：「一個人只要有本事，自會有人用他。」

　　左宗棠有個知己好友的兒子，名叫黃蘭階，在福建候補知縣多年也沒等到實缺。他見別人都有大官寫推薦信，想到父親生前與左宗棠是知交，於是千里迢迢地跑到北京拜訪左宗棠。左宗棠見了故友之子，十分客氣，並盛情款待。但當黃蘭階一提出想讓他寫推薦信給福建總督時，頓時就變了臉，幾句話就將黃蘭階打發走了。

　　黃蘭階又氣又恨地離開左相府，隨意走到琉璃廠看書畫散心。忽然，他見到一個小店老闆在學寫左宗棠字體筆跡，仿得十分逼真。寫者無意，看者有心，黃蘭階靈機一動，便想出一條妙計。他讓店主在一面扇子上仿寫了左宗棠的字，在落款上並寫了左宗棠三個字。然後黃蘭階就得意洋洋地回

到了福州。

幾天後，是參見總督的日子，黃蘭階手搖紙扇，徑直走到總督堂上，總督見了很奇怪，問：「外面很熱嗎？都立秋了，你還拿扇子搧個不停。」

黃蘭階順勢把扇子一晃，說：「不瞞大帥說，外邊天氣並不太熱，只是我這柄扇子是我此次進京，左宗棠大人親送的，所以捨不得放手。」總督心裡暗暗吃驚，心想：「我以為這姓黃的沒有後台，所以候補幾年也沒任命他實缺，不想他卻有這麼個大後台。左宗棠天天跟皇上見面，他若記恨我，只需在皇上面前說個一兩句，我豈不是吃不完兜著走。」於是，總督拿過黃蘭階扇子仔細察看，確定是左宗棠的筆跡。過沒幾天，那個總督就給黃蘭階派任了知縣之職。幾年後，黃蘭階就升到四品道台。

名人常是社會大眾關注的目標，若能利用他們來為自家公司、產品做廣告，自然能為公司帶來好的形象，知名度也會隨之升高，緊接而來的銷售就會好，利潤也會提升。

如果能借助名人來提高自己，就能發揮事半功倍的效果。因為人人都希望自己所做的每一個選擇都是正確的，而名人就像一座燈塔一樣，若是專家名人和自己的選擇一樣，就能更強化他們的信心，肯定自己所做的選擇。

我們要想成功就要善於借「名」，只有從自身的特點出發，瞭解自己的特長和不足，有針對性地巧妙地去借，從而

增強自己的獨特性和優勢，才能取得最好的效果。

　　無論是體育明星、演藝明星，還是商界明星，都是人們追逐的焦點。精明的商人和企業正是看中了明星的影響力，紛紛尋找明星為企業廣告代言，如明星劉嘉玲為「SK-II 緊膚抗皺精華乳」代言人。像謝震武幫桂格養氣人參代言，在廣告中大聲說自己使用多年，以其大律師形象，就比較能取得消費者的認同。

　　明星為企業樹立新的品牌形象發揮著作用，明星效應有力地促進了企業產品的銷售。像是 Hitachi 日立找孫芸芸代言，就成功拉抬品牌形象，但相對來說，消費者記得孫芸芸會比記得該冷氣品項，甚至是品牌來得多。

　　明星作為一個公眾人物，代言某一產品，消費者就會不自覺地把對明星的仰慕轉移到商品上，很大程度上引領消費趨向。商家正是看中了明星的名人廣告效應，明星代言給商家帶來「立竿見影」的成效，一時間銷售量也就大幅攀升。

✓ 借名人效應擴大知名度

　　1888 年喬治‧派克（George Safford Parker）創建了派克筆公司，他認為只有「使產品更臻完善，人們才會購買」。這個經營哲學一直指導著派克公司致力於製造「更好的筆」，所以幾十年來深受消費者喜愛，派克筆公司也在美國製筆行業中一直穩坐龍頭。

　　派克公司在建立之初，為了開拓市場和搶佔市占率，除了不斷地改進筆型設計，經常推出新品種、新款式吸引顧客以外，更擅於抓住重大歷史事件的機會和利用重要人物的活動來擴大派克筆的影響，提高聲譽和知名度。

　　1943 年，在第二次世界大戰處於艱苦對峙階段的時候，派克筆公司贈送給盟軍歐洲戰區總司令艾森豪將軍一支鑲有四顆純金製的金星派克金筆，代表艾森豪將軍的四星上將軍銜。兩年後，艾森豪將軍在法國用這支筆簽署了第二次世界大戰的停戰和約。

　　1945 年二戰結束後麥克阿瑟將軍接受日本投降時簽字用的是派克筆，到後來美俄簽署核裁軍條約的布希與葉爾辛，無不是用派克筆記下了歷史上的一頁。而尼克森總統 1972 年訪華時給中國主席帶來的見面禮，也是加入了太空人從月球取回土壤的特別款派克金筆。由於其獨特設計及構思且不斷推出新型號，派克筆也受到了一般年輕人及仕紳的追捧，擁有一款派克筆，既是身份的象徵，同時還具有收藏的價值。

　　派克筆因此名揚四海，在世界各地深受歡迎，銷量也就隨之加倍成長，已在 14 個國家設有子公司，世界上有 120 個國家有經銷店和專營經銷商經營派克金筆。派克筆公司年產 500 萬支金筆，筆芯 3200 萬支，雇員達 6800 多人，成為當時世界上最大的高級金筆製造商。

　　美國前總統布希（George H. W. Bush）在其擔任駐中國

聯絡處主任期間，喜歡攜同夫人一起騎著「飛鴿」自行車在北京遊覽。後來他擔任第 41 任美國總統訪問中國時，「飛鴿」自行車廠精心製作了兩輛特製款，經李鵬總理之手，作為國禮送給了布希總統。當天中央電視台轉播了這一儀式，大大提高了「飛鴿」品牌知名度。還有，像是英國的前王妃黛安娜，穿著打扮非常時髦，成為全國女性時尚服飾的「領頭羊」。有家公司仿製了一款黛安娜穿過的衣服，命名為「王妃服」，投入市場上架販售，銷售成績空前得好。

　　名人是人們心中的偶像，是社會大眾注目和依賴的對象，如果能利用他們的特殊身份來助自己一臂之力或是借來代表自己的公司，將使自己名利雙收或是給自己的公司帶來良好的形象。這是因為人們總希望自己的選擇是正確的，而名人和自己的選擇一樣，無疑會引導和堅定他人的選擇。所以，巧妙利用專家名人來擴大自己的形象是很有價值的事。當然，利用名人也不是肆無忌憚地用，一定要注意所用的這些人名要和產品有關連，這些人應具備良好的社會聲譽，否則負面印象反而會引起消費者的反感和厭惡。

8 抓住趨勢，借題發揮

　　有時，我們在處理問題時還需要借題發揮，即假借某種事物為題，借勢發表自己的見解，或是借機做一些對自己有利的事情。聰明的人往往會借題發揮，抓住時機行事，從而化解難題，扭轉形勢。

　　2000 年美國總統大選經過一波三折，新總統千呼萬喚不出來，在此時期，一些精明的企業和**商家利用「總統效應」這一市場商機**，大肆借題發揮，借著「大選熱潮」大賺一筆。而我們公司出版的《川普成功學》也是搭著 2016 年美國總統大選而順勢推出的。

　　例如，原本擬定發行千禧年總統紀念幣的佛羅里達州鑄造商諾博暨裴洛特公司，眼看總統大選雙方勢均力敵，難辨勝負，靈機一動，搶先推出「總統難產紀念銀幣」。自 1981 年以來一直鑄造總統宣誓就職紀念幣的華盛頓鑄幣廠，也提前推出了紀念幣，將高爾和小布希的肖像雙雙刻在新幣的兩面，讓人們透過拋擲紀念幣來確定新總統。更有不少商家借用網路販賣起了這次總統大選的紀念品。伊利諾州的一名投

票用品生產商還向大眾供應「佛羅里達式」的選票和數票機。

實際上，美國的商家利用「總統效應」創收是有傳統的。西奧多・羅斯福總統（Theodore Roosevelt）人稱「老羅斯福」，是美國第 26 屆總統。他曾讚美咖啡說：「滴滴香濃，意猶未盡」。後來，他的這句話被廣告界大肆借用，傳奇人物大衛・歐格威曾巧妙地將其用作麥斯威爾咖啡（Maxwell House）廣告詞，收效甚佳。連任四屆總統的富蘭克林・羅斯福（Franklin Delano Roosevelt）則為派克筆抹上了名貴高雅的色彩。因為派克筆的廣告，用的是總統用派克筆簽字的照片，並宣稱：「總統用的是派克筆」。1960 年甘迺迪總統當選時年僅 43 歲，當時美國兩大飲料——可口可樂和百事可樂廣告大戰正打得火熱。甘迺迪一獲勝，百事可樂就抓住時機借題發揮，宣稱自己是「年輕人的可樂」，「年輕人都喝百事可樂」，宣傳甘迺迪是年輕人、少壯派的代表，形成了強大的宣傳攻勢。

此外，一些精明的廠家和商家還巧妙地利用與美國總統相關的人和事賺錢。比爾・柯林頓（Bill Clinton）初當選美國總統不久，美國有一家飯店的老闆費盡心機推出了一系列「柯林頓最喜歡吃的菜」，同時又大做廣告宣傳本店的菜是總統最愛吃的。經過這麼一番「渲染」廣而宣傳，吸引了許多為滿足好奇心來嚐總統愛吃的菜的人。由此，這家餐館的生意變得十分火熱。

可趁勢借市場大勢之所趨

　　「借題發揮，借機行事」已經成為商人或企業家的常用行銷手段。借，就是借力發力、借題發揮。

　　我一共出版了二百本的著作，各位知道為什麼我可以出那麼多書呢？其實我靠的就是借力。我最棒最拿手的科目是數學，最喜歡的科目是歷史。所以平時晚上我很喜歡寫歷史的東西。可是如果我寫一本隋唐帝國史，它的市場銷售一定賣不好，那時正好大陸和台灣都要播《武媚娘傳奇》，於是我就把我的隋唐歷史當中屬於武媚娘的這一段特別加強，整本書假設三百多頁，那武媚娘的故事就佔了一百多頁的篇幅，其餘的內容還是講隋唐帝國，於是書名就取《武媚娘傳奇》。書裡除了講武則天的故事，也還有講其他隋唐帝國的故事，於是這書就很暢銷。

　　《賽德克巴萊》也是，這本講的是台灣的歷史，當初在出版這本書時，我只是把霧社事件多寫一點，還派出一個採訪小組把所有與霧社事件相關的地點都訪察了一遍。因為導演魏德聖將霧社事件稱為「賽德克巴萊」。所謂霧社事件是

1930 年霧社一共六個部落，在莫那魯道的帶領之下反抗日本人的故事。中國那邊一聽台灣原住民對抗日本人的題材就相當有興趣，就高價買下版權，所以大陸那邊也有出版這本《賽德克巴萊》，反而真正的「賽德克巴萊」電影票房在大陸賣得不怎麼樣，但我的書卻是銷得還不錯。所以這本我早就有存稿寫好的台灣歷史，因為知道有「賽德克巴萊」電影，我就特別再把霧社事件寫得詳細點豐富點，這本書的內容全部都是史實，我並沒有去管電影裡是演什麼，反正我就是根據所有的文獻把霧社事件如實地編寫出來。請大家想一想為什麼這種書都賣得很好？

因為台灣的圖書市場，B to C（Business To Customer），之前要先 B to B（Business to Business），什麼叫 B to B，就是所有的通路要大量陳列這本書才會賣得好。那請問所有的通路為什麼要大量陳列呢？通路一看到「賽德克巴萊」電影即將上映，屆時就有一定的話題性，而有信心地在店面大量陳列了。如果說這本是講台灣史的，誠品四十家分店可能總共只會下十本的採購量，但如果我說是「賽德克巴萊」，金石堂就下量 1200 本，每家分店都大量陳列，自然銷路就

會好。

我的公司對面就是中和的Costco，Costco裡面也有賣書，但它對於書是有選擇性地陳列，並不是所有的書都賣，而我的這些書《賽德克巴萊》、《武媚娘傳奇》、《芊月傳》……等都有被選上，因為能搭上電視劇的熱潮，通路覺得有話題性，對這類的書有信心，所以下的採購量就會大，進而能帶動銷售。我這樣做也是在借力，順勢借力就會暢銷。

我真正嘔心瀝血之作是《王道成功3.0》，耗費了我多年心血，但銷售就不怎麼好，我自認寫得非常棒，分析一個人為什麼會成功，書裡我歸納了成功的60個特質，有很多個人精闢獨到的見解，但共鳴卻很小。就在這本書出版後一段時日，有一媒體寵兒出現，就是林書豪，我馬上將我《王道成功3.0》中60個成功特質，一一與林書豪的成功特質做比對，對照出了12個，於是立刻出版了《林書豪給年輕人的12件禮物》這本書，這12件禮物就是他的12個成功特質，所以這本書能很快上市，當大家

剛知道林書豪這號人物後，不到兩週我公司就出版了這本書。為什麼可以這麼快？因為我大量使用了《王道成功 3.0》這本書裡的內容，於是大為暢銷。為什麼《林書豪給年輕人的 12 件禮物》能大暢銷？誠如前文所提到的一個主因：B to C 之前要先 B to B，所有的通路，不管是誠品、金石堂、博客來，一聽到是有關林書豪的書，全都大量進貨，但是有一個更大原因讓它這麼暢銷，就是這本書開發了學校團購市場，有學校校長指示每班的第一名就送一本林書豪的書，試問每班第一名獲贈此書，第二名或是第三名會不會也有興趣而自己去買來看，通常學生不會主動做這件事，往往都是家長聽說了這事，而有興趣主動想買來給孩子看。

　　《紫牛》是賽斯・高汀（Seth Godin）發明的，是一個行銷的名詞，這個詞一出來後，我出了一系列紫牛的書，都非常好賣，《紫牛學管理》、《紫牛學行銷》、《紫牛學危機處理》⋯⋯等。

　　我為什麼會出《川普成功學》這本書，因為他在 2016 年底要競選美國總統。後來川普真的當選了，書店的訂單隨之而至，每一家都在搶訂這本書。而且所有這種書，像是我之前出的《620 億美元的秘密：

巴菲特雪球傳奇全紀錄》、《四大
品牌傳奇：柳井正 UNIQLO 等平
價帝國崛起全紀錄》，都有一個好
處，這些當事人都是上了年紀的，
終有生命走到終點的時候，到那時
這些書就會再度火熱起來，而銷售
一空。之前「APPLE」創辦人賈伯
斯（Steve Jobs）就是個例子，那
年賈伯斯去逝時，所有有關賈伯斯

的書頓時火紅了起來，無論什麼出版社的，通通都賣光了，
為什麼？因為書店都會陳列，所以通路最重要，你的產品有
沒有通路願意幫你陳列，這是關鍵。

　　跟各位分享一出版業的生態，我出版《620 億美元的秘
密：巴菲特雪球傳奇全紀錄》當它剛推出市面是新書的時候，
書店會陳列，可是過一陣子之後書店就會退貨，就成了我公
司裡的庫存書，如果我拿這批庫存的書請書店再陳列在平台
上來賣，書店會說這是兩年前的舊書，怎麼現在又送過來，
立刻就會再退回來給我，但是，如果未來的某一天巴菲特壽
終正寢了呢？書店就會主動來要，只要和巴菲特有關的書它
通通都要，原本的庫存很快就被搶光了。

　　做生意的關鍵有二，一是通路最重要；二是致命傷是房
租和庫存。如果你的房租和庫存沒控制好，你的企業就會出

問題，所以我這些庫存我就留著，等著之後時機到之時能賣。

　　所以，每一行，每一業都有它的借力之道，而你要懂得去把握。

　　我就是按照這個邏輯，借大勢所趨之力，我就出了二百本書，變成了出版界的巨擘。我的本業是出版，但因為要寫書，所以就看了很多資料，因此我個人的知識是很豐富的，我寫了三十年的書，看了各種資料報章雜誌，自然能有很多可以講可以寫的內容，幫你歸納整合：用「寫」的來發表，我成了暢銷書作家；用「講」的來演說，我成了培訓界的講師；用「心」來印刻培養後進，我成了明師甚至大師！

9 抓住機會為自己造勢

　　讀懂趨勢，把握趨勢，才能贏在未來。借品牌勢力，可以擴大銷售；借名人勢力可以幫助促銷。找準機會，並巧妙地借助機會進行造勢，就可收到意想不到的成果。在市場經濟時代，靠單槍匹馬獨闖天下是很難成功的，品牌要生存，無非兩條路，一是造勢，一是借勢。相對造勢而言，借勢的成本相對低了許多，達到的效果卻是人盡皆知，何樂而不為呢？就讓我們來看看當年法國的白蘭地是如何打進美國市場的。

　　白蘭地酒（Brandy）歷史悠久，在世界各地酒類市場佔有不錯的銷售市占率。然而，在二十世紀五〇年代，白蘭地酒要打進美國市場時並不順利。剛開始，為了順利地進入美國市場，白蘭地公司不惜投入鉅資，專門調查美國人的飲酒習慣，然後制訂出各種推廣行銷策略，但收效甚微。

　　在此情形下，有一位叫柯林斯的行銷專家向白蘭地公司總經理提出一個行銷妙法──借助法美人民的情誼大做文章：在美國總統艾森豪（Dwight David Eisenhower）六十七歲壽

辰之際，向美國總統致贈白蘭地酒，借機為白蘭地酒在美國市場曝光與造勢，進而打開美國市場。

　　白蘭地公司總經理採納了這個建議。在美國總統壽辰之前，公司首先向美國國務卿呈上一份禮單，上面寫道：「尊敬的國務卿閣下，法國人民為了表達對美國總統的敬意，將在艾森豪總統六十七歲生日那天，將致贈兩桶窖藏六十七年的法國白蘭地酒。請總統閣下接受我們的心意。」然後，他們故意把這一消息透露給美國媒體，引得美國各大報刊連日連篇地爭相報導。於是有關法國白蘭地公司將向美國總統贈酒的新聞立即成為美國人民茶餘飯後街談巷議的熱門話題。

　　名酒運抵華盛頓的當天，從機場到白宮的沿途街道上擠滿了數十萬名觀眾。贈酒儀式開始了，白宮前的草坪上熱鬧非凡。四名英俊的法國青年身穿法國宮廷侍衛服裝，抬著禮品緩緩步入白宮，人群頓時歡聲雷動。可以想見，美國國內各大報刊也都在頭版報導了贈酒儀式的新聞，於是總統生日慶典在一定程度上變成了法國白蘭地酒的歡迎儀式。

　　此後，法國白蘭地酒順利地進入了美國市場，迅速掀起搶購法國白蘭地酒的熱潮。一時間，法國白蘭地幾乎擠掉了所有的競爭對手，「昂首闊步」地走上了美國國宴及普通市民的餐桌。

　　在這個故事裡，法國白蘭地公司就是借助美國總統生日慶典的絕佳時機，通過精心安排，借機造勢，為自己的產品

做了一次成功的推銷，可以說是「借機造勢」在商務中的妙用，從而成功地解決了難以打開美國市場的難題。

☑ 名人造勢，商機無限

名人之所以是名人，就在於他們在人們心中有極大的號召力，也就是有著弄勢的能力，根據自身需求選擇一位名人，借他們之名幫你造勢，接下來會使你名利雙收。

在 1993 年初，柯林頓（William Jefferson Clinton）即將舉行就職大典的時候。美國的任何一位企業家和廣告人都異常興奮起來。他們眼中的總統，似乎成了一道令人垂涎三尺的美味佳餚，思謀著要怎麼借機賺上一筆。

百事可樂也不例外，百事可樂和可口可樂分別是美國北方飲料和南方飲料的代表，十二年前當白宮的主子換成代表北方的共和黨黨首之後，百事可樂就取代可口可樂進入白宮。十二年來，共和黨坐鎮白宮，百事可樂也就隨之在白宮風光了十二年。人們開玩笑地稱道百事可樂與可口可樂在白宮更替是美國南北戰爭的繼續。這回，輪到民主黨的柯林頓入主白宮了，百事可樂希望柯林頓一改以往的陳規陋俗，使美國不再有南北的門戶之見！

於是百事可樂公司在經過一段深思之後，推出了「這世界渴望改變」的廣告。這包含了兩個喻義：第一，柯林頓之所以能夠力克因波灣戰爭而名聲如日中天的布希，受到美國

人民的歡迎，根本原因就是柯林頓標榜改革，整個迎合了美國人喜歡改變的思想，而百事可樂與可口可樂競爭的基本策略就是鼓吹改變口味。當 1 月 20 日柯林頓在總統就職演說中表示，「改變」是新政府的正字標記時，百事可樂便緊緊咬住這個機會，將自己的產品與柯林頓進行一番「沾親帶故」，意在暗指：美國人既然選擇了柯林頓，當然也應該選擇百事可樂了。第二，百事可樂即將推出新產品「水晶百事」，口感頗佳，這正像美國人推出新總統柯林頓那樣。

果然不出所料，百事可樂就是抓住柯林頓就職來大做文章，迎合「改變」思想，大大佔有了市場，增強了競爭力。

當你處於劣勢或是還為如何成功想破腦袋的時候，不妨仔細觀察一下你身邊有沒有一些名氣大或是勢力大的人可以「結識」，結識他們，讓他們幫助你向你的目標靠攏，肯定能發揮事半功倍的效果，但是請一定要恪守互利互惠的原則。結識後造勢，趁勢借力，成功可期。

10 借力團隊

　　21 世紀是一個抱團打天下的時代，在強者越強，弱者越弱的時代下，唯有抱團，借助平台，借助團隊，發揮每個人的優勢才是真正的取勝之道。

　　天下雜誌某一期有報導過類似的故事，印度的農民結合起來，跳過中間的大盤商、中盤商、小盤商，直接產地直銷賣給消費者，不透過任何的通路商，因此可以有效地整合大家的資源，並且利潤與大家共享，印度農民彼此間的借力合作，就是團隊的力量。

　　一個企業能否成功發展，取決於能否將那些優秀人才凝聚成一個富有戰鬥力的強大團隊。企業最根本的資產是人，成功的領導者一定要是一個優秀的人力資源經理，懂得如何發揮人才的價值，要善於授權，賦予責任意識，要懂得如何從市場上尋覓和引進優秀人才，更知道如何培養優秀的人才。俗話說沒有不好的員工，只有不好的領導。沒有一名優秀的領導，絕不可能帶出一個卓越的團隊。

　　經營團隊就是經營人，而管理就是在借力。失敗的領導

者都是以一己之力解決眾人問題，而成功領導者的做法是集眾人之力解決團隊問題。

經營團隊的過程是一個借力的過程，只有越來越多的人願意把力借給你，團隊才會成功。不想做好後勤支援的領導，往往不是好領導。作為團隊領導人，不應該怕你的成員比你強，如果成員比你弱，就表示你選人不當，把團隊成員推到第一線，給他們權力與責任，而身為領導的你只在後面提供支援服務與支持，這就是成功的秘密。

一個團體（公司、組織）的領導人要解決的不外乎兩大問題：

一是解決外在物質需求的分配機制；

二是提出願景以滿足大家內在的精神需求。

例如錢 & 前途能讓大家產生動力！好的老闆必須要成就員工並成就未來！優秀的領導者能為所屬團隊規劃出動人的願景和明確的目標，使所有成員能凝聚所有資源邁向共同方向。

成功的領導者集眾人之力解決團隊問題，整合能力就是其必備的能力。一名好的領導最大的價值，在於整合團隊戰力，做到人力資源的整合，人才知識的整合。每位部屬都有不同擅長的領域，要重用每位團隊成員的專長，讓他們有所發揮，當成員獲得使命感時，就會投入更多心力去完成被賦予的任務，這便是領導者的職責所在。必須帶領團隊一起努

力合作，借用和整合各方人才想辦法解決問題與完成任務。所以，要懂得利用外部資源，或是找到內部人才去串聯外部資源。比如說，現在有許多自由工作者、協力廠商，如果要架設網路平台，要怎麼找到對的外部人才與資源去完成這件事情，就是對領導者的考驗了。

所謂的管理流程其實就是一個整合的流程，組建團隊的目標與使命與領導人描繪的願景，是整合的工具，同時也是整合的結果。

領導人與團隊成員間的戰略也需要整合。（TSE 的第一課便是找出個人的戰略，因為一般員工並不會去實現企業的戰略，他們只會設法實現個人的戰略），平行單位間的決策（戰術戰役級別）需要整合，上游供應商與下游經銷商間的戰略與決策也都需要整合！

所以舉凡長短期目標、個人及企業資源、領導人與團隊成員的知能、上中下游的決策與執行流程、資訊的收集與應用乃至知識管理，既是管理者要整合的標的，同時也是整合的工具。

高明的管理者不只是會順向整合，也要會逆向整合，還要思考並執行橫向整合，最終達到立體而多元的整合。

不管你是創業家或是專業經理人，你必須是個稱職的領導。指引得了大方向，給得了方法，凝聚得了人心就是好的領導！大部分的新創公司都是缺乏資源的，而在沒有資源的

情況下，還能讓很厲害的人破除本位主義，願意為你工作，靠的就是你的領袖魅力。你要透過自身的影響力讓團隊自動自發地把事情完成，無需指令就能自己行動。而其關鍵就是良好的溝通與領導能力，讓身邊的人認同並相信你。

要讓你的員工、下屬認為追隨你是要和你一起做大事兒的，這就是願景領導，就像團隊成員同搭一輛巴士，由領導者帶領大家朝共同的目標和願景前進。這就牽涉到型塑價值，價值塑造，哪怕你做的是一件很小的事也要把它的價值塑造出來。「讓你的成員有共同幹大事兒的感覺！」這是最重要的領導特質，然後大家就願意跟著你一起打拚，資源自然就跟著你，財富也就自然而然地來了。

如何才能打造出強大團隊

想帶好團隊，你要做到：教會員工做事情的方法和思路；激發員工上進的欲望，讓員工樹立自己的目標；給予或創造團隊成長、學習、發展的機遇。會給員工目標感、安全感、歸屬感、成就感！

榜樣的力量是無窮的，團隊中的領導者扮演著影響全體績效和士氣的關鍵角色，是團隊的靈魂人物。領導者的表現，更是團隊的楷模，只要領導者工作態度非常認真，部屬也會上行下效不敢鬆懈，緊追主管的腳步直到達到目標為止。在工作的同時，團隊領導還必須保持著對工作的熱情和源源不

絕的能量，才能感染團隊其他成員，若是一個主管帶頭唉聲嘆氣，是不太可能會領導出一支優秀的隊伍。團隊領導者必須從自身作起，方能有效帶動全體員工超越巔峰。

優秀的團隊比的不是人多，而是心齊，因為團結就是力量，團隊成員互惠互利、互促互補、共同發展的關係，大家才能心往一塊兒想，力往一處使，從而使各自的力量得以高度凝聚，充分發揮出團隊的力量，成就驚人的業績，也只有優秀的領導者才能凝聚並運用這個力量。

一個優秀團隊必備的四個基本要素：信任、溝通、換位思考、執行力。

❶ 彼此信任

不只領導與成員上下之間要信任，成員與成員之間也要做到彼此信任，試著相信和你一起工作的人，別讓懷疑和猜忌毀了團隊。領導者說話要說到做到，博得部屬信任；而一句「我相信你能做到」比「你必須做到」多了信任在裡面，充分授權，讓部屬能感受到「被尊重」，在此基礎上部屬才能產生高度的責任感、使命感，竭盡全力地完成好工作。

❷ 良好溝通

好的領導者必須有良好的溝通能力，才能清楚傳達、說明自己的想法和目標，並獲得大家的支持，若是溝通不當，

團隊成員就無法理解你的動機與期待，也不會有興趣追隨你。多與同事、員工交流，也讓同事、員工多瞭解自己，這樣可以避免許多無謂的誤會和矛盾。團隊中由於成員成長背景不同，整合上往往需花費許多心力；尤其面對衝突或問題時，要多聆聽與溝通，才能了解部屬究竟想要表達什麼，唯有讓團隊裡每一個成員都有自主權及抒發的窗口，才能對症下藥讓團隊更好，更有向心力。

❸ 換位思考

「己所不欲，勿施於人。」不稀奇！「己之所欲，也勿強施於人」才高明！凡事不要把自己的想法強加給團隊成員，遇到問題的時候多進行一下換位思考，站在別人的角度思考，知道每個人在追求什麼，理解他們的想法與動機，並把夥伴們的利益和需求放在心上。

❹ 執行力

一個企業或者一個團隊的成功，最後都要靠出色的執行力來做保證。一定要有腳踏實地的積極行動力才能夢想成真，這就是執行力。作為最高執行力的決策者，應根據企業目標結合員工實際能力等情況做出高度可行的正確決策，並將其劃分成多個合理的部分交給不同功能的組織去完成。而中層管理人員，則要能夠準確理解上層決策並予以果斷施行。

創業團隊要具備四種類型的人才

企業總裁、老闆一定具備兩個身份。除了是領導人之外，另一個就是高端人力資源部經理，因為組織強大的關鍵在於「人」！

如何招募一批具有向心力的人才？以組建忠誠團隊呢？

我的公司在徵人時，我都是一次約好多位要面試的求職者，一起共同面試，由我來做簡報，講公司的制度，未來的發展……，聽完我的簡報，願意好好幹的，想留下來的就進入面試階段，錄取率通常都很高。不想留下來的也不勉強。重點就是：不是你去選他，而是讓求職者來選我。因為只有他認同了我，認同了公司，那他留下來才會做得長久。

有些老闆錯誤地以為找到最能幹的人就能發展成好公司，但多次失敗後發現，比能力更重要的是一個人能否長久和你一起打拚，所以，找好人才不如找有緣人。而企業靠的是用態度、情感、願景來留住員工。

創業團隊人數多寡並不重要，但如果從功能性來看，一定要有四種功能的人才，如果你自己本身就具備這四項本領，那你自己一個人創業也沒有問題，當然如果有其他人願意一起分攤部分工作或將某些功能外包，就能讓你更專注在某個領域，你也比較不會這麼累。這四個功能分別是：領導、企劃、行政、業務。

❶ 領導

團隊領導人決定團隊一半以上的生死！

領導，一言以蔽之，團隊討論事情總得有個頭兒，好讓紛亂的想法可以真正被決定出來。

有些創業團隊都是幾個好朋友一起創業，有時候討論事情大家彼此不想得罪，或者東扯一句西講一句，或者大家聊得不開心意見不合，總得有人出來當那個最終決策者的角色。

最佳的團隊領導人，最重要的是能提出事業願景，說服大家兜在一起往共同目標邁進。在團隊有紛爭的時候領導人要出來喬，要讓大家心服口服。

因為團隊的凝聚力很重要，同時他看對方向、看對市場的能力也很重要，所以身為領導者，即便股份不見得最大，他也得肩負起帶領大家的任務。

遭遇挫折時他要能挺得住負面情緒並鼓勵大家。而獲獎、獲得注資、有激情時他要冷靜，某種程度來說會有點兒孤獨，所以擔任領導角色的人，其情緒 EQ 一定要高人一等。

❷ 企劃

就是出點子的人！

軍師、參謀型的角色，同時也帶有對外發言人或公關的性質。

其任務是平時累積並收集資訊，在大家討論各種看法的時候，能有條理地分析現況，包括優劣勢、敵我狀態、市場現況、未來展望等……，最後歸納出可執行的細節，讓領導人做決策，讓團隊成員去執行。

團隊領導人與企劃人通常會是互補的角色。領導者比較側重在對於「人」的管理，也就是團隊的向心力、凝聚力、士氣等……。企劃則是比較側重在「事」的策劃，而且是從高層次的整體策略，到細部的戰術需要如何執行，這就是企劃人需要貢獻心力之處。

例如：軍隊中的參一到參四，政一到政五等。

❸ 行政

確保團隊一般的運作庶務能運作順暢。

這種人就是行政，例如記帳、出納，現金流管理，讓財務資訊可以如實呈現出經營狀況，好作為大家開會時討論的憑據。

他的任務不複雜，但不複雜不代表不重要，正因為有他，才能讓大家無後顧之憂的去衝，要錢有錢，要人有人，這場仗才能繼續打下去。

負責行政工作的團隊成員，個性上必須是謹慎、小心、細心的人。所以通常會由女性負責，展現她們高度的細膩長才，提醒大家什麼時間點該做什麼事、誰要來訪、時間到了

該去參加什麼場合、錢夠不夠用、帳能不能報、稅的問題該怎麼處理……等工作，這都是負責行政的團隊成員必須處理好的事。

④ 業務

最後一種人就是業務，狹義來說，就是把產品、服務賣出去，把錢收回來，並妥善維護好顧客關係的人。

但廣義而言，業務推銷的不僅是產品或服務，更是公司本身，團隊本身，也是自己本身。外面的人不了解本組織團隊，通常就會從業務的言行、談吐水準來認識起。

從這角度去看，從事業務工作，舌燦蓮花是誇張了點，但確實要比較懂得應對進退，洞悉人性，能在很快時間內摸清顧客的好惡在哪裡，什麼話該說、什麼不該說，什麼議題可以談、什麼不能談，一切都是以成交為導向，同時兼顧手腕與心理技巧，就會是相當出色的業務。

注意：業務最要注重的就是客戶的 LTV（客戶終身價值）。LTV 是「Lifetime Value」的縮寫，指的是顧客一生中，支付該產品或服務的總費用。

歷史上，很多創業團隊一開始都是四、五人甚至更少，但人數本身不是重點，而是主要的功能有沒有人在做？

例如，三國時，劉關張團隊一開始只有三個人，但領導

者知道缺乏企劃人才而設法補強，後來也是有聲有色啊！所以：

劉邦是領導人，張良是企劃，蕭何是行政，韓信是業務。

劉備是領導人，諸葛亮是企劃兼行政，張飛與關羽是業務。

曹操是領導人，荀彧是企劃兼行政，張遼、徐晃、典韋、夏侯淵……等人是業務。

尹衍樑先生把人才分成以下四種：

鎮山的虎（領導）

保護的傘（企劃／公關）

叼肉的狼（業務）

看門的狗（行政）

也與上述的歸納有異曲同工之妙。

所以說，如果你在創業初期不知道該找多少人成為你的夥伴，「四」這個數字是很值得參考的。但還是要記得重點不在於數量多寡，而是功能取向，只要能各司其職，發揮最大效果，相信在合作愉快的基礎上，創業終將有成。

沒有完美的個人，只有完美的團隊。一個人幹不過一個團隊，一個團隊幹不過一個系統，一個系統幹不過一個趨勢。

團隊＋系統＋趨勢＝成功

一個人可以走得很快，但一群人會走得更遠！

你能整合別人，說明你有能力；你被別人整合，說明你

有價值。

　　所以你要努力的方向是：不是讓自己更有能力，就是要能塑造自己的價值。要了解世界的趨勢，如果你趨勢選錯了，那麼，你會敗得非常慘。

　　劉禪的經歷告訴我們：富二代自己沒有本事，即使有再強的職業經理人也難免被兼併的命運。

　　諸葛亮告訴了我們：大型企業光靠個人能力是很難突破業績的，要懂得如何管理、分配、開發各級員工之能量、給予重任，才能培養出優秀的團隊，形成一個系統。切記：每個員工的潛力都是極大的！為何要等他當了老闆後才被激發出來呢？

資源成就價值，整合凝聚力量

The Secret Of Leverage & Resource Integration

資源整合是為了創造價值

現在是一個合力共贏的年代，如果將很多人集中起來，發揮每個人的優勢與特點去做同一樣事情，很複雜的事情都會變得簡單，人們因為團結與優勢互補所創造出來的力量和價值是不可小看的。

一個人的力量與資源往往極其有限，但是經過組織和協調，將團隊成員本身的能力、經驗、人脈整合起來，就能夠擴大社交圈子，整合資源的機會就會更多，發揮 1+1 大於 2 的效果，這就是資源整合。只有懂得團結聯盟，懂得借力與整合身邊的資源，才能發揮微小力量創造無限價值。

假如你擅長技術，你的競爭對手或隔壁店家擅長管理，你直覺就是積極努力地去學習管理來打敗你的競爭對手或隔壁店家；同理，你的競爭對手也在拚命地研習技術來打敗你，兩、三年過去了，你們誰也沒有打敗誰，因為你和你的對手都在不斷地學習和進步，最終的結局是，在你和你的競爭對手拚得你死我活，兩敗俱傷的時候，一個大連鎖企業闖了進來，不費吹灰之力就將你和你的競爭對手收購了。

　　我有個企業家朋友，他非常擅長資源整合：他通常是同時收購二～三家經營狀況不是很好的店，收購後就轉手賣掉其中兩家，只會保留一家地理位置最好的，然後把其他兩家店的員工併到這家店來，這樣就有了現成的員工；再把那兩家店的會員顧客集中到這家店來消費，如此一來顧客也不缺了。如果當初被他收購的那三家店懂得一起合作而不是自相殘殺，不就為自己找到了生機與出路了？

　　施振榮先生曾說，想成為贏家，應該將自己定位為整合者，有效地整合資源，像美國有許多企業採外包形式，能整合其他國家的企業，較能在自己的產業中居於領先地位。作為整合者，建立清楚的分工整合策略，也就是新的商業模式（Business Model），才能產生利益與創造多贏的局面；締結合作協定，必須簡單易施行，讓彼此在各自的領域上專注與負責，讓參與者的力量和潛能可以發揮。

　　若是你能和你的競爭對手聯合起來，成立一家公司，你負責技術，他負責管理。那麼你省下三年的時間來研究管理，他省下三年的時間來研發技術。你們一合作管理和技術都有了，再找一個行銷比較擅長的老闆來合作，那麼技術、管理、行銷不就全都齊了。

　　如果你有一些過人專長，你或者可以在某一些行業裡很成功，因為某些行業是需要真材實料，也因此能在這樣的領域成功的人微乎其微的，沒有半點投機取巧。但是你如果沒

有什麼過人的才能，你懂得的知識或本領也都是其他人也會的或是很容易就學會的，當你這個行業很賺錢的時候，你所做的也會很快被模仿或被取代，這就是為什麼現在生意不好做，因為資訊的取得太容易了。

如果你沒有過人之處，又不想那麼快被模仿並淘汰，最佳的解決之道，就是找一個團隊合作的事業，把一群人凝聚在一起，給夥伴們共同的理念與目標，開發每個人身上的潛能，將各人的能力與他們的身邊資源都進行一個系統的協調與支配，只要這個系統成功了，其中的每一成員也就成功了。就像是一場足球比賽不是一個人的功勞，是一個團隊合作的結果。也才有機會做到前宏碁集團董事長王振堂所說：「取全球的資源，成就全球的事業」。

資源整合是根據企業的發展戰略和市場需求對有關的資源進行重新配置，透過不同企業、部門之間的資源配置、協調，達到 1+1 > 2 的效果。以突顯企業的核心競爭力，獲取更大的價值，創造出新的資源與新的藍海。

資源整合，說穿了就是跨界，就是我一開始強調的兩個字「跨界」，現代所有成功者都在跨界，跨到另外一個領域去，忽然就變得不一樣了。你若是抗拒就是不跨界，那麼別人就會跨界來把你原本有的東西也都給搶走了。

✓ 所以你大可以搭別人的船，走別人的路，過別人的橋，
  用別人的店……但是，賺自己的錢！

✓ 使得行業不在行業之中，而在行業之外。

✓ 商業不在商業之中，而在商業之外。

✓ 世界不在世界之中，而在世界之外……

這就是借力與整合之妙啊！

② 對方有需求才願意被「整合」

　　通常在旅遊淡季，即使是那些地理環境優勢，口碑很好的飯店生意難免會受影響而差一些，這時你就可以主動去找這些飯店談合作，跟飯店經理談條件說：「我能幫您帶來很多來飯店用餐和住宿的客人，只要您能免費提供我會議場地。」

　　接下來，你就去找保險公司，因為很多保險公司常常在辦培訓課程或講座，或者是戶外集訓之類的活動，他們通常有培訓場地的需求。所以你可以先把飯店的會議中心談下來或租下來，再以比較低的價格租給那些做培訓課程的公司，當然前提是那些培訓課程必須是二天或者三天以上的，人數必須是一百人左右！因為這樣才能為飯店帶來客源！

　　再舉個更容易理解的例子！每家餐廳是不是都有買菜的需求？是不是基本上是各買各家的菜？而餐館採買的原則是什麼？無非就是要新鮮和便宜！所以如果你可以一一聯絡到各家餐館的老闆，將他們要採買的菜集中統一採購，就是一大商機。因為你的採購量是多家餐廳需要的數量，量越大價

格就越能往下談，接完餐館的採購訂單之後，你再去找菜販批發商，由於量大價好談，所以你就能從菜販那兒以較低的價格拿到貨，然後將貨送到各個餐館。餐廳老闆能花較低的價格買到相同品質的菜，自然同意轉而向你買菜。而你只是從中轉手賺取一個差價，你沒有付出什麼成本！

餐館能以較低的價格買到需要的菜，批發商也能出大量的貨，你能從中賺差價！這就是**資源整合之道的精髓，就是利他、合作、借力、共贏。**——我想要什麼？誰有我想要的？給他他想要的，他就給我我想要的！

所以，對方有需求才願意被「整合」。資源整合的前提、核心、關鍵是什麼？你要首先明確你到底需要什麼，而這些資源會給你帶來什麼，為什麼別人會持續的給你提供資源呢？

企業進行資源整合之前，要明白自己的資源有哪些優勢和劣勢。資源整合的前提是瞭解，信任是關鍵。市場從來不看過程只以結果為導向。資源整合一定要講究誠信。

資源整合就是借力使力，四兩撥千斤，調動資源和力量，把自己的資源利益最大化，並把自己缺少的資源整合回來。

要運用「捨得」思維，給別人所需，才能得到自己想要的。整合就是互補，建立在信任、平等的基礎之上。

成功的商業模式往往是建立在對自己原有資源整合之更高層次上，但企業資源基礎不同，不可跟風盲目複製。企業要不斷加強自己的優勢，不斷整合，持續完善。只有這樣才

能得出最適合自己的企業商業模式。

　　整合資源不是簡單的資源堆砌。哪些資源有用以及要怎麼用，是我們首先要弄清楚的問題。以此為基礎，才能拿出自己多餘且別人沒有的資源，與其它企業互補。如果沒有具體的方案，而是停留在想想而已的階段，那麼資源整合就是他人財富，你往往只能觀望而已。

✓ 資源整合五大問

　　首先，你要明確知道自己需要什麼，列出你所有需要的資源清單，包括資金、團隊、技術、模式、智慧、專業、人脈等，再對這些資源進行分析，誰可以為我提供這些資源，而資源分享者是否真的具備這些能力，對方憑什麼可以為你提供這些資源。想清楚：

　　1. 我要什麼？（明確）

　　2. 我有什麼？（清點）

　　3. 我缺什麼？

　　4. 誰的手裡有我缺的？

　　5. 為什麼別人要把你所缺的給你？

　　選項有：資金、流量、文案、品牌、商品、時間、人脈、時機、創見、發現、發明、縫隙、商機、心態、後台、見證、定位、魔法……

　　請務必想清楚以上這五個問題。了解你或你的公司要什麼？和誰會有你想要的？把你的目標想得非常清楚，並把它寫下來，然後去研究、去調查。

　　阿基米德說：「給我一個支點，我將撬起整個地球。」通過資源的整合，企業就能快速壯大。創造價值的整合最重要，企業應該動腦思考，將專注哪個領域，達到單點領先的地位，才能整合或被整合在全球資源系統中。

3 資源整合的跨界，打造企業優勢

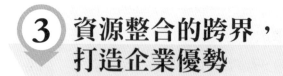

　　如果你想縮短成功的時間，就得學會如何整合他人的資源，將自己的產品、品牌或價值形象，與別人的產品、通路結合，靈活運用外部資源，借用他人之手，你就能啟動槓桿原理，用最小成本，創造數百倍效益。二十多年來，為什麼台灣能從過去勞力密集的產業，轉型攀升，不斷領先？靠的就是越界競爭，在大陸及世界各地佈局，達到生產與行銷基地全球化、運用人才全球化，來因應全球競爭。轉型為品牌行銷公司的華碩與宏碁，都是借力使力，先與自己的代工事業切割，再將製造交給國內全球佈局的代工廠，如鴻海、廣達，而華碩與宏碁自己只做行銷與經營品牌。藉由整合世界資源的優勢，讓宏碁從全球電腦第十大品牌竄升到第四大品牌。

　　二十一世紀是一個講聯盟談合作才能打勝仗的時代。很多大的集團之間都有很好的合作關係就足以證明這點了。那麼要如何講聯盟談合作呢？產業的經營方式大致有：垂直整合、水平整合、垂直分工、水平分工，但有很多人弄不清楚

它們之間的異同。但如果拆開來看變成「垂直」、「水平」、「分工」、「整合」就不難理解這四個詞的意思。

「垂直」與「水平」是關係；而「分工」與「整合」是行為。

「垂直」是上下游之間的關係。垂直就是──步驟「→」的概念：布料 → 染布 → 剪裁 → 成衣。如果麥當勞自己買一塊地自己種馬鈴薯來炸，這叫垂直。假設兩個以上的工廠彼此之間具有上下游的關係（如甲工廠的產品是乙工廠的原料，乙工廠的產品則是丙工廠的原料），則稱之為「垂直」關係。

「水平」是指同業之間的關係，是生產定位或是同質性高的產品。是──組合「＋」的概念：個人桌上型電腦＝微軟程式＋主機板＋……。比方說麥當勞開四百家分店，那叫水平發展。「水平」關係則是指兩工廠或企業不具有上下游關係，生產的產品性質或定位相似，但因為彼此仍具有差異性而能夠分享市場的關係。如，不同品牌的速食店、不同種類的電器用品、不同價位的球鞋……等等。

「分工」是指合作的行為。是指兩間公司或企業屬於相互合作的關係。

「整合」則代表兩間工廠或企業的合併、併購或是聯合結盟等的行為。

一台個人電腦的零件是由不同的廠商生產的，就屬於「水平分工」，假設這家電腦大廠為了降低生產成本併購了微軟（當然，或是被微軟所併購）就是「水平整合」。

　　一件成衣的製成步驟是由上下游不同廠商按流程生產的，就是「垂直分工」，假設今天成衣廠收購了布料商，而且決定自己染色做衣服那就是「垂直整合」。

　　垂直分工和水平分工最大的差別在於——**各種工作的完成，是不是具有先後的關係！**例如，一輛車子從設計、組裝到銷售，各種工作的分工就有嚴格的先後順序，這種分工模式就叫做垂直分工。但是那個生產汽車輪胎，還有生產車燈的公司，彼此之間就沒有什麼先後關係，這種分工模式就叫做水平分工！

　　為什要產業要分工？分工就是大家都可以做得很好，沒有差異。華碩做的主機板，跟技嘉的主機板，一般人不會知道有什麼差別，大家也不會知道是創見的 ram 比較好還是威剛的比較好，因為分工之後，產品介面標準化，產品間的差異就變得很有限，但分工的好處是可以降低成本，所以現在電腦的價格才會越來越便宜，這就是台灣產業努力分工不斷降低成本的成果，缺點卻使自己失去了差異化的價值，能賺的利潤日益微薄，錢賺得很辛苦，所謂「毛三到四」是也。

　　至於為什麼要整合？因為可以降低運輸等相關成本，再加上如果是自己公司經營，在決策上也不需要因為其他廠商的決策而有所顧忌。

　　從競爭的角度來看，分工的優勢來自於專業能力，而整合的優勢來自於經濟規模。

　　沒有哪一種型態是絕對的好，或是同一種產業分工型態適用於所有產業，偶爾可能也有創意型的公司試圖打破產業的行規獲得成功，但從長期的眼光來看，最適合於特定產業特性的產業分工樣貌，將會因其效率較佳，終將淘汰其他類型的產業分佈樣貌。比方說，家電業就是個垂直整合程度高於資訊業的產業，零組件外包的比率相對較低，自營通路的比例則高於資訊產業。

　　綜合以上的說明，可以分辨以下四個概念：

1. **垂直分工：指產品的生產從上游到中、下游，分別由不同的企業分工完成。**

2. **水平分工：指一個產品的各種零組件同時由不同的企業分工製造完成，最後再匯聚組合。**

3. **垂直整合：指某一種工業或服務業，將其上、下游有關的產業加以整合，以控制原料來源與價格，或產品的市場及其售價，有效降低生產或通路成本。**

4. **水平整合：指生產同類產品的工廠，以合併或聯合的方式經營，以擴大產品的市場占有率。**

　　借力的相反是單打獨鬥。整合的相反是分工，再加上垂直和水平，就會產生四個不同的概念。我們要能先分清楚垂直分工、水平分工、垂直整合、水平整合這四個概念，才能進一步擬定你的商業模式（Business Model），商業模式確定了才能呈指數型的成長。前文曾提過，成交只會幫助你加

法式成長；借力會帶給你乘法式的成長；當進階到了商業模式（Business Model）的層次，就會成為指數型的成長。

以下將分篇一一說明之。

企業界最敏感，他知道哪裡賺錢哪裡不賺錢，你不需要下指導棋，企業界自然會找到出路的（政府聽到沒？）。而產業界除了加強自己的研發、創新、創意，發展自己的品牌之外，發展「垂直整合」及「水平合併」，會是非常有力的借力途徑。

所以這也將是我未來三年的理想與目標，我的「王道增智會」最終會招五百位會員與數十位弟子，然後，大家就來看看，我們到底能做水平的還是垂直的分工或整合，來做進一步的互相借力，拭目以待吧！

4 垂直分工

　　現在產品的製造大多已非過往從頭到尾均由同一國家或同一廠商自行完成，而是透過專業化的垂直分工與跨界合作來完成，就競爭力、規模經濟與成本效益考量，「為了喝杯牛奶自己來養一頭牛」或「校長兼撞鐘」，以及「單打獨鬥」的觀念與時代已經過去了，現在是一個講求分工與合作的時代。

　　垂直分工，就是將一個產品的生產流程拆成多個具有前後關係的不同製程，由具有上下游關係的不同工廠分工合作完成。也就是說上游階層生產的產品，是下游另一個工廠的原料，最後製造出來市場的消費品。例如，紙張製造工廠與印刷工廠、橡膠工廠與輪胎工廠、咖啡種植業與咖啡店。

　　垂直分工的概念是：「供應鏈上企業專注於其核心能力，將非核心能力外包給外部廠商。」因為這些外部廠商具有專精的技能或知識，因此比企業本身能更有效能（做得更好），以及更有效率地（做得更快更便宜）執行該生產或活動。

　　垂直是強調合作，分工則是強調競爭，垂直分工是既合

作又競爭，在合作中把餅給做大，在競爭中各憑能力爭取自己的最大利益。所以所謂垂直分工就是每一位成員均專注於自己最擅長的工作（核心能力），彼此形成聯盟，並相互獲益。

 垂直分工的例子──半導體產業

1980 年代，那時的半導體產業可以說是「垂直整合」的最佳實例，那時蓋一座晶圓廠需要龐大的資金，只有大企業如 IBM、INTEL 等財力雄厚的跨國公司才有能力建廠。一直到 1989 年年初，台積電提出「垂直分工」的觀念，把整個半導體產業鏈分成很多塊，包括設計、製造、封裝、測試，甚至把材料、光罩、design service，CAD tools 都一一另外分出來了，這就產生了很多專業型的小公司。在垂直分工中，每一位成員均專注於自己最擅長的工作，彼此形成聯盟，並相互獲益。若外部專家比我們自己做更擅長，或者可以更低成本來執行該外包作業，我們就應該辦理外包，透過外包策略可以將企業注意力集中於核心活動，使其表現出最擅長的一面。

1990 年到 2016 年這段期間，「垂直分工」這個模式運作得非常成功，創造了台灣的經濟奇蹟，也打造了台灣科技島的美譽，台積電也站上了世界級的舞台。

垂直分工成敗的關鍵就在於成員是否擁有核心能力。推動垂直分工的第一步，就是要規畫分工架構。企業需要先自

問，在經營價值鏈中我的核心能力是什麼？只要掌握自己的核心能力，其他的價值鏈分工，就可尋求外在的最適合作伙伴進行策略聯盟。

我們的半導體產業，就是以這樣獨特的垂直分工模式，取得全球的優勢！半導體的垂直分工由上而下，大概可以分為：設計、光罩、製造、封裝與測試四個部分。首先要有 IC 設計公司，進行各種積體電路，也就是俗稱 IC 的設計。接著，再由製作光罩的公司把 IC 電路的圖案，作成具有底片功能的光罩，好讓這些電路圖案可以縮成很小很小的面積！然後，負責製造的公司再依照這些縮小的圖案，把微小的電路做出來，成為真正的 IC。最後呢，再交由封裝部門，把所生產的 IC 加上外殼和接腳，封裝並進行測試後才能使用。

產業垂直分工以全球性方式進行，顯然地，要有效管理，簡化分工才有競爭力。

核心能力是垂直分工的基礎，半導體產業就是透過精密分工、集中資源、技術專工，來取得世界級競爭力！

什麼樣的產業適合用垂直分工來經營？

現在的企業營運模式，不論半導體、網路、生技和醫療產業，紛紛走向垂直分工的模式，從上游的設計，中間的加工，到下游的銷售，都是各人從事各人的事業，而成為了一種群聚的現象，出版印刷業也在新北市中和區分別以垂直和

水平的分工方式群聚。

那麼什麼樣的產業，可以用垂直分工的方法來整合呢？
大致上有以下的特點：

① 資本需求量高的生產模式

該產業的產值和所需要投入的資本，相當的龐大，退出
的障礙也非常的高，如果某家企業，要進行垂直整合，進
入資本需求高的產業，想成為設計、生產到銷售的整合性
（EMS）企業，就必須付出相當高昂的代價和承受相當大的
資金成本。

② 需要規模經濟的生產模式

生產的過程中，有些加工的程序，需要比較大的量，才
能完成所謂的經濟規模，而這種經濟規模，不是單一廠商有
辦法達成的，這時候，有機會把這個步驟獨立出來，成為一
個獨立的企業，承攬多家的產能，就能達成經濟規模。

③ 知識密集的產業，要有證照保護，且專業要求高

在知識經濟的時代，知識的快速累積，知識也隨著各專
業領域的分化，成為許多許多旁枝學門（Branch），已經不
是一個人，甚至一個企業，有辦法全面擁有和掌理，而某些
部分是需要專業證照，或者是獨立專業的工作，如醫師，建

築師，會計師……，他們在產業中，扮演一個獨立操作的角色和享有較高的地位和尊重，所以他們通常是扮演分工的角色。

④ 生產流程所需要的標準已建立

垂直分工的產業，需要完整的產品標準，也同時需要生產流程的標準化，最好是有良好的分工模式和組織溝通模式。

以下是垂直分工與垂直整合的優缺點：

	優　點	缺　點
垂直分工	1. 外部規模經濟	1. 須具備絕對的核心能力，技術決定價值
	2. 專業分工、截長補短	2. 核心能力之外洩與被取代之風險
	3. 產業相互依存性的良性循環易凝聚	3. 高資本需求模式
	4. 各自負盈虧追尋突破	4. 交易成本高（交易成本較整合後為高）
	5. 各自生產週期短、庫存較低	
	6. 產能利用率高	
垂直整合	1. 規模經濟	1. 內部控制、管理與協調不易
	2. 降低成本（越終端降越多）	2. 遭遇封鎖或是排擠現象
	3. 高度市場資訊能力	3. 科技變革風險大
	4. 提高競爭者的進入障礙	4. 缺少彈性
	5. 擴大產品、市場成長動力與規模	5. 代理與官僚成本高
	6. 市場價格影響能力（價格差異化）	6. 高退出障礙
	7. 保護核心技術與資訊	

垂直分工是過去一百多年來工廠進行「量產化革命」必然的結果。由於需要不斷追求成本的降低，最好的方法就是

讓生產線上的每個作業員，只專注一件事情，當他每天重複
只做這件事情，無論速度與精準度都會達到最高，因此整體
的成本也就能夠壓到最低，但可能較不符合現代人追求的「人
性」。

　　所以垂直分工是「量產型」組織的好結構，但卻不是「知
識型」組織的好結構。常常做新產品開發的組織，更適合的
結構是「垂直整合」、「動態分工」。依據每一個任務的需
要，去動態的組織任務小組，小組內集合行銷、設計、開發、
業務等等人才，整合在一起，共同把任務完成。所以，在「開
發有商業價值的新產品」這件事情上面，垂直整合的創業團
隊比起垂直分工的工廠組織，來得有效率多了。

5 水平分工

　　水平分工，指一個產品的各種零組件同時由不同的企業
分工製造完成，最後再匯聚組合。也就是價值鏈的每個環節
切成一小塊一小塊，分別由不同的企業來負責。從全球各地
採購零組件運到某地組裝，這叫水平分工。中國沿海地區一
般採用這種方式參與國際分工，做歐美企業的加工基地。譬
如蘋果手機，零件在世界各地的不同工廠生產，最後在中國
組裝，蘋果不需要自己的工廠。比如美國波音公司製造的飛
機，雖然品牌是美國的，但其零組件可能是由全世界幾十個
國家生產出來的。

　　「水平分工」，指的是做同一類的事，但在不同的領域
做，具體的例子如 APP，APP 有各種不同領域的應用就是一
種水平分工的關係；但 App Store 則是水平整合。

　　兩工廠或企業的產品性質或定位相似但彼此具有差異性
或互補性，而各自服務不同族群消費者的分工關係。又稱為
「差異產品分工」，是指同一產業內不同廠商生產的產品雖
有相同或相近的技術程度，但其外觀設計、品質、規格、品

種、商標或價格有所差異，從而產生的國際分工和相互交換，它反映了寡占企業的競爭和消費者偏好的多樣化。隨著科技和經濟的發展，工業部門內部專業化生產程度越來越高，部門內部的分工、產品零組件的分工、各種加工工藝間的分工越來越細，這種部門內水平分工不僅存在於國內，而且廣泛地存在於國與國之間。就像是相同產品為了掌握市場，在不同地區設立分公司，生產相同產品。例如世界知名的休閒運動服製造商 GAP，在英、法、美、加等國設有分公司製造相同的產品。麥當勞與肯德基、品牌高價位服飾店與副牌低價位服飾店……等等。

垂直分工和水平分工最大的差別在於 —— **各種工作的完成，是不是具有先後的關係！**

例如，一輛車子從設計、組裝到銷售，各種工作的分工就有嚴格的先後順序，這種分工模式就叫做垂直分工。但是那個生產汽車輪胎，還有生產車燈的公司，彼此之間就沒有什麼先後關係，這種分工模式就叫做水平分工！

資訊產業可以說水平分工最細密的產業之一，一台電腦需要的零組件數百個，通常就是由數百家廠商來提供，一家廠商專長兩種零組件以上的，已屬相當罕見。為什要分工？分工就是大家都可以做得很好，沒有差異。華碩做的主機板，跟技嘉的主機板，一般人不會知道有什麼差別，因為分工之後，產品介面標準化，產品間的差異就變得很有限，會造成

這種現象的原因不只一端，可能包括標準化程度高（所以容易外包生產）、技術變動快速（公司小或專精於一項產品，能較快速反應市場變化）、產業的規模經濟很顯著（所以投資擴產要比進入價值鏈的上下游區塊更有利可圖）等等因素。分工的最大好處是可以降低成本，所以現在買電腦才會一直越來越便宜，這就是台灣產業努力分工不斷降低成本的成果，缺點卻使自己失去了差異化的價值，能賺的利潤日益微薄，錢就賺得很辛苦了。

6 水平整合

水平整合，是合併收購不同廠牌但生產相同品類的公司。 併購不具有上下游關係但產品性質或定位相似的工廠或企業。就是把兩個處於生產過程同一層次的業務合併到一起，就像兩家超市或兩個食品製造廠的合併。水平整合是表示有聯合行為，不一定是要收購或合併，也可以是策略聯盟、聯合採購或聯合定價等等。

例 1：Sony 與 Ericsson 的合併。

例 2：美國波音飛機製造公司與麥道飛機製造公司的合併，法國雷諾汽車製造公司（Renault）與瑞典富豪（沃爾沃）汽車製造公司（Volvo）的合併，均屬橫向合併。

水平整合是獲得規模經濟成本優勢的一條途徑，還可以通過減少兩家企業之間機構與人工的重複，達到減少費用支出的目的。企業為了提升在現有產品市場中的競爭力或市佔率，通常會採行水平整合，利用收購或合併的方式，侵吞產業內的競爭對手。就像是那些零組件供應商在國內或海外進行同業的併購，這也是產業在水平整合趨勢下的策略，藉由

水平整合取得競爭優勢，並打破不同國家或地域的限制。不限於國內企業之間的整合，跨國性的企業集團整合也屢見不鮮。

收購（Acquisition） 是購買一家公司，收編成為旗下的一個事業體，例如中國大陸的聯想電腦（Levono）收購 IBM PC 電腦事業部，擴大經營版圖，成為全球第三大電腦公司。

合併（Merger）是兩家或兩家以上的公司，合併後成立一個新的事業體，依據合約共同營運，達到範疇或規模經濟的目的，例如德國賓士汽車（Daimler Benz）與克萊斯勒（Chrysler）合併為戴姆勒克萊斯勒公司 Daimler-Chrysler）；中國信託銀行高價標購花蓮企銀，奇美（面板事業）與群創（面板廠）的合併等等。

水平整合的優點

水平整合後的企業規模擴大，不僅達成低成本的規模經濟，增加產品差異化與提升品牌價值，減少產業內的競爭。從供給角度來看，在和供應廠商議價時，有助於增強議價力量，取得更優厚的交易條件及品質。例如便利商店的分店數目增加後，在和供應廠商議價時，就能有更強勁的議價能力。

水平整合是併吞或收購和自己做相同產業的企業。合併同行業的競爭者能提高行業集中度，有擴大產品與市場規模、市場價格影響力、成本降低、成長動力增強、管理殊異風險、

整合經濟效益、獲得市場資訊能力、產品差異化等優點。但也可能因壟斷市場而有遭遇封銷與排擠之風險,公平交易法與反壟斷法都會對此種行為有所制約。

水平整合亦稱橫向整合。橫向合併的主要目的是把一些規模較小的企業聯合起來,組成企業集團,實現規模效益;或利用現有生產設備,增加產量,提高市場佔有率,與其他企業(或企業集團)相抗衡。我於 1999 年整合台灣二十餘家中、小型出版社,合併成華文網集團,在 2000 年成為台灣第二大的出版集團,即為出版業界內知名的水平整合案。

從整個國家看,過度的橫向合併會削弱企業間的競爭,甚至會造成少數企業壟斷市場的局面,犧牲市場經濟的效率。因此,在一些市場經濟高度發達的國家,政府往往制訂有反托拉斯(反壟斷)法規,以限制橫向合併的擴大。

在同一產業的分工裡面,進行水平整合,可以達到規模經濟和成本效益,目前很多產業已經走向跨國性、全球性的整合。

⑦ 垂直整合

　　垂直整合（Vertical Integration），就是單一企業自己往上下游擴張，或是上下游結盟或是交互持股成為集團化等等。購併生產流程中具有上下游關係的工廠或企業。就是收購上下游以控制 inputs 與 outputs 的價格。一個產品從原料到成品，最後到消費者手中經過許多階段。如果一個公司原本負責某一階段，當公司開始生產過去由其供貨商供應的原料，或當公司開始生產過去由其所生產原料製成的產品時，謂之垂直整合。是一種提高或降低公司對於其投入和產出分配控制水平的方法。比如食品製造廠和連鎖超市。如鴻海併購其上游的零組件供應商等等。

　　目前是世界第五大、亞洲最大的運動器材公司喬山，從啞鈴代工廠轉型，垂直整合關鍵零組件製造、研發、組裝，購併美國通路與品牌，再由當地人負責行銷與設計，台灣負責研發、製造與運籌管理。喬山還設立四個不同形象與價位的品牌，透過不同通路販售，滿足不同客層需求。目前喬山在全球已擁有十四家行銷公司，並行銷七十餘個國家。

　　垂直整合，是可以讓公司跨入新的產業，以支持本身核心產業的經營模式。管理者以企業本身的核心能力為基礎，向價值鏈的兩端擴張。聯華是台灣麵粉大廠，主要品牌為水手牌、新高山牌、駱駝牌，這幾年除了固守麵粉本業，也積極垂直整合，推出義大利麵及披薩店，推升營收成長。

　　假如在企業的價值鏈活動中，比較容易向上游進入投入產品生產所需的原料產業，則公司可以採取向後垂直整合的策略；假如在企業的價值鏈活動中，比較容易往下游進入那些使用、配銷，或是銷售公司產品的產業，則可以採取向前垂直整合的方式。例如：鴻海本身的優勢在於強大的零組件供應能力，董事長郭台銘以購併的方式不斷向前垂直整合，進入不同產品的組裝市場。

　　大型公司隨著他們的版圖擴展，小公司已經沒有太大的生存空間，韓國的三星就是一個很好的例子。目前有很多公司面臨生存困難，所以若是能夠採行「垂直整合」，就能結合上下游結盟，集中力量以面對未來的挑戰。

✓ 為什麼要實施垂直整合？

　　藉由垂直整合可以有效改善產品品質與生產排程，促進生產的效能與效率性。假如企業本身已經具有某些有價值、稀有或不易模仿的資源，則應該進一步垂直整合價值鏈上的商業活動，使得競爭對手更難以模仿，或者讓資源變得更稀

有、更有價值。例如，當競爭對手需要花費六～十個月的時間才能開發新商品時，Zara 卻能夠在兩週之內就完成從概念到商品化並且上架的流程。主要的原因在於，Zara 將大部分資源投入創新研發與物流中。

若是企業本身並不具有任何有價值、稀有或難以模仿的資源時，就不應該進行垂直整合，這麼做反而會讓企業處於劣勢。

垂直整合是併吞或收購自己產業的上下游產商。有助於產品品質的改善與妥適的生產排程，有效提升企業的效率與效能。優點是能整合經濟效益、成本降低、增加公司對於產品銷售和供應商的控制力度，減少不確定性因素，獲得更多完整的關於市場和供應商的信息、擴大產品與市場規模、獲得更多利潤，市場價格影響力等。

垂直整合另一優勢是「節稅」：若上下游流程全在「同一」公司內部完成，部門與部門的「交易」是不用繳稅的！運用之妙，存乎一心啊！

眾籌是槓桿借力的
最佳落點

① 沒有資金怎麼辦？就借吧！

　　所謂生意的成功，並不是創業者自己一人親力親為去實行自己的構想，而是巧妙地運用他人的智慧和金錢，創造一番事業。因為沒有能力買鞋子時，可以先借別人的，這樣肯定是比赤腳走得快。

　　「做商業是十分簡單的事。它就是借用別人的資金！」富蘭克林是這樣做的，希爾頓酒店的創始人康拉德‧希爾頓也是這樣做的。即使你很富裕，對於這樣的機會，你也不應放過。

　　借他人的「錢袋」、「腦袋」，發展自己的事業，需要膽識，更需要技巧。在生意場上，借錢的能力也是資產的一種，所以具備借錢能力也可以說是經營者的一項重要才能。如果能將借錢的能力與運用資金的能力互相配合，必可由一文不名變成一個大富翁。

☑ 生意的成功＝他人的頭腦＋他人的金錢

　　美國商人彼得‧尤伯羅斯（PeterV. Ueberroth），在他

擔任第 23 屆洛杉磯奧運會籌委會主席時，為奧運會創造了
15 億美元的盈利。就是靠著其非凡的「借術」而成功的。

1984 年的洛杉磯奧運被視為奧運史上非常重要的一個轉
折點，奧運的籌委會主席彼得‧尤伯羅斯首次採用民間的方
式來承辦，創造性地將奧運和商業緊密結合起來，擺脫先前
鉅額虧損的窘境，使 1984 年的洛杉磯奧運會首次實現轉虧
為盈，改寫了奧運商業史，此後，更使奧運經濟成為全球商
家追逐的焦點。

奧運會，當今最熱鬧的體育盛會，你能想像它曾經窮得
負債累累嗎？

1984 年之前的奧運自創始以來，奧運會幾乎變成了一個
沉重的包袱，年年虧損，承辦國都會被它所帶來的巨大債務
壓得喘不過氣來。在這種情況下，洛杉磯市竟然提出了舉辦
奧運的申請，沒想到加州政府鑒於前幾屆奧運會賠錢的坑太
大，於是通過一條法律：不准用納稅人的錢來辦奧運。洛杉
磯市於是就想到不如把奧運會交給民間有錢、有想法的人承
辦，就這樣找上了彼得‧尤伯羅斯。特別是尤伯羅斯接下奧
運的籌委會主席後更是明確而狂妄地說：「我不但不需要政
府出一分錢，還要賺它個 2 億美元。」而他還真的就辦到了!!
他是怎麼做的呢？

在美國這個商業高度發達的國家，許多企業都想利用奧
運會這個機會來擴大自家企業的知名度和產品銷售。但當時

的數據顯示，全世界有上萬家企業願意贊助奧運會，過去每屆也都有數不清的企業參與贊助，有的贊助金額甚至低到不到一萬美金，可想而知，這些低價贊助商的廣告效益自然也就低，因為過多的贊助商都要廣告自家產品，無法資源聚焦，而那些公司的廣告很容易就被淹沒了。

尤伯羅斯清楚地看到了奧運會本身所具有的價值，把握了一些大公司想藉由贊助奧運會以提高知名度的心理，決定將私營企業贊助作為經費的重要來源，這就是他借資金的主要來源。於是他跟那些想要參與奧運贊助的企業提出了新方案：

1. 本屆奧運會的贊助 400 萬美元起跳。

2. 整個奧運會贊助商限定 30 家，每個行業最多 1 家。

這個消息一放出後，各家企業都傻了，成功挑起同業之間的競爭來爭取贊助之資格。此策略讓尤伯羅斯從被動轉向主動，並引發了贊助商們一場場競逐大賽。每一行業只選一家的「獨家曝光」這樣大的誘惑性，令有意角逐的各大公司拚命抬高自己贊助金額的報價。例如，當美國本土企業柯達還在猶豫 400 萬的贊助是否合算，尤伯羅斯就暗中派人找到其對手日商富士對其遊說：「現在有個大好機會能讓富士在全世界面前逆襲柯達，你們要不要？」這樣大好的獨家曝光令富士立即同意，並加碼投入 700 萬的贊助。汽車商的贊助也是用同樣的手法，當日產汽車主動找來說願意提供 500 萬

的贊助時，但尤伯羅斯卻沒有馬上同意，而是告訴對方說通用汽車、福特還在報價，等這三家公司鬥來鬥去之後，最後是通用汽車的 900 萬美元勝出。

尤伯羅斯還巧妙地挑起美國三大電視網爭奪奧運獨家轉播權，借他們競爭之機，將轉播權以 2.8 億美元的高價出售給了美國廣播電視公司，從而獲得了本屆奧運會總收入三分之一以上的經費。此外，他還以 7000 萬美元的價格把奧運會的廣播權分別賣給了美國、歐洲和澳大利亞等。

此外，他不只擅長找錢、借資金，在借人、借場地的能力也令人佩服。他打破過去辦奧運幾乎都要新建體育場館的慣例，將洛杉磯已有的體育場地能用的都徵用過來。他也不興建奧運村，而是把大學宿舍改建成了奧運村。在有限資源的多方整合拼湊之後還差一個游泳池、一個自行車賽場必須掏錢新蓋，於是他找上「麥當勞」和「7-11」超商贊助，條件是可以讓他們在裡面做生意、打廣告。更絕的是，過去的奧委會都要招募大批的工作人員，因此就產生龐大的人力成本。尤伯羅斯，卻想出一個招募市民來當志工的大絕招：成功募集到將近四萬名興高采烈來參與的志工團隊，既節約了金錢，又再一次把奧運盛會的人氣炒到最高點。

在尤伯羅斯的一系列商業運作之下，洛杉磯奧運會最終實現了超過 8 億美元的營業收入，獲得 2.25 億美元的淨利潤，同時還帶動了洛杉磯的餐飲、旅遊以及零售業的發展，實現

了高達 35 億美元的額外收入。也正是從這裡開始,大家才看到了奧運會商機無限的價值,本來已經淪落到乏人問津的奧運會,這才起死回生,再度成為各國城市爭相搶奪的香餑餑。

所以,一個資源整合高手,往往懂得「節省自己,讓別人花錢」的道理,會設法找出每一個人與團體的需求與滿意點,透過對接共同需求來賺錢。

2 不會借錢的老闆不會成功

　　大多數人在創業之初，手上都沒什麼資金，但那些懂得去借別人的錢、向銀行貸款借資金的人，能為自己帶來巨大的收益。「借雞生蛋」是所有投資者最容易賺錢的方式之一。比方說，我在年初借人家一隻母雞，在一年中下了 100 個蛋，到了年底，我將雞還給人家的時候，還拿 50 個蛋作為利息給他，而我自己則賺了 50 個蛋。但是，如果我不去借雞，我能有這 50 個蛋嗎？也許有人要問，人家一年能下 100 個蛋的雞為什麼願意借給你來下蛋呢？你問得好，理由是：那隻雞的主人根本就不怎麼會養雞、餵雞，他如果自己親自來養一年只能下 20 個蛋，現在借給我之後，不但不需要自己餵養，而且還多得了 30 個蛋，何樂而不為呢？

　　所以，沒錢沒關係，只要你擁有膽識和頭腦，擁有足夠的時間和精力，大可以冒險一試，果斷地借助別人的錢來做自己想做的事，發展自己的事業。

　　這種借錢生錢的辦法就是負債經營。既然向別人借錢，自然就要付給對方利息。可是，一旦你看准市場商機，發現

　　穩賺不賠的藍海，就要大膽借貸，出手行動，只要做成了，你不但能夠償還所有的貸款，還能夠迅速創造自己的財富。

　　在這個世界上，一個不會借錢的老闆往往就不是好老闆。多年來，我試圖找到一位沒有借過錢的老闆，但一直沒有找到。原來再大的老闆也需要借錢，並且越大的老闆越需要借更多的錢。

　　美國可口可樂公司的前任董事長羅伯特‧伍德拉夫（Robert Woodruff）是個喜歡靠自己的力量做事的人。他從來不喜歡向銀行貸款，更不喜歡向別人借錢。在美國經濟大蕭條時期，可口可樂公司一度陷入困境。

　　這時，公司一位財務人員建議伍德拉夫向銀行貸款 1 億美元以促進公司發展，伍德拉夫毫不遲疑地回答：「不需要，只要我在任一天，可口可樂就永遠不會向別人借一分錢。」這樣的做法大大限制了可口可樂公司的發展，使得可口可樂的事業版圖一直無法做大。

　　在伍德拉夫離任後，他的繼任者羅伯特‧古茲維塔（Roberto Goizueta）的經營作風就與前任董事長伍德拉夫截然不同。古茲維塔深深明白借錢生錢的力量與重大影響，於是，他看准方向後，就四處貸款，擴張發展。他上任之後，讓可口可樂公司的債務由原來的 2% 一下子飆升至 20%。

　　這樣的舉動使得大多數的可口可樂高層惴惴不安，他們害怕萬一失敗，公司將面臨破產，可是古茲維塔絲毫無懼，

想好了，就放膽去做。他用借來的錢改建公司的設備，並大膽投資影片公司。古茲維塔時常說的一句話就是：「既然看准了方向，就不要怕花錢。沒錢，借錢也要花。」

正是這種不怕負債的勇氣使得可口可樂公司得到了充足的資金，公司的利潤也成長了 20%。隨著公司利潤的不斷提升，可口可樂公司的股票價格也水漲船高。如此一來，可口可樂迅速成為飲料類的龍頭企業。

古茲維塔正是靠著借來的錢，使得可口可樂業績大為好轉的。如果他像前任董事長伍德拉夫一樣，恐怕可口可樂至今仍然是個名不見經傳的小公司。

無數事實證明，能夠充分通過借錢來發展企業的人，才是優秀的企業家。許多巨額財富都是靠最初的貸款來獲得的，「借人之財，謀己之富」是許多富人白手起家的明智之舉。

最常令創業家扼腕的是在遇到好的商機，有點子也有技術時，卻僅僅是因為本錢不夠而與創業失之交臂。無數人困於客觀條件的制約，或沒錢，或沒團隊，或沒資源，始終無法邁出第一步。大家都知道槓桿借力，但是總感覺無力可借，而眾籌就是槓桿借力的最佳落腳點；很多人以為一定要等到有第一桶金時才能行動，其實不然，巧借外勢，加強自己，是聰明人常走的一條捷徑。只要你懂得運用「借雞生蛋」，「借力眾籌」，智慧化時代的到來給了每位懷著夢想的人一個創業的良機。透過眾籌，你可以充分發揮槓桿的力量，充分調

動身邊所有的資源，以小博大，輕鬆創業。因為網路的普及，所以你很容易就在網路上募集股權、募集債權，或讓大家捐錢給你或者是先預購買你的東西，回報式眾籌就是以賣東西的名義來募集資金。可是這跟團購還是有點兒不一樣，因為回報式眾籌是在賣一個將來的東西，未來的產品。就是我估計我創業後要賣什麼，將來成功後再把產品給你，你先資助我創業基金，這是可行的，因為現在有專門在做這部分的網站。全世界最大的最新的網站都在美國，今年六月這兩家最新最大的眾籌網站就會來台灣跟我共同舉辦 2017 的世界華人八大明師。這千載難逢的大好機會，怎麼能少了你呢？

③ 集眾人之智，籌眾人之力，圓眾人之夢

　　如果有一天，你有一位只有 idea，卻沒有資金的朋友突然成功創業了，不要吃驚，因為他可能從「眾籌」而來；如果有一天，你有一位只有閒散資金，沒有投資目標的朋友突然獲得了多種投資回報，不要驚訝，因為他可能從「眾籌」而來。

　　借力，其中有一個具體化的做法是「眾籌」。「眾籌」，就是群眾募資，英文名為「Crowd-funding」，顧名思義就是向群眾募集資金來執行提案，或者推出新產品或服務，目的是尋求有興趣的支持者、參與者、購買者，藉由贊助的方式，幫助提案發起人的夢想實現。

　　如果你想要創業，或者是單純地想讓你的事業經營得更好，「眾籌」提供你一個絕佳的機會可以試水溫。想創業的人一定要避免專注在找店面、找辦公室、找產品，因為關鍵在於「找客戶」與「找團隊」。你能利用「眾籌」找出屬於你的產品或服務的客群在哪裡，甚至產品還不需要製作出來，可以利用 3D 模擬展示出來，只要一切合法就沒問題。一旦發

187

現市場對你的提案反應不如預期，你就可以抽手不做，大大降低了創業的風險。所以千萬不要貿然辭職才去「眾籌」創業，因為過去很多上班族的做法是：先辭職，然後將過去所存的積蓄拿出來租一個店面，開始賣起商品，結果最後倒閉了，這樣實在很可惜。如果你有 idea，就可以將它寫成一個完整的企畫案，上架到眾籌平台，看看是否能募資成功，成功的話，你再辭掉你原本的工作，對你來說，生活也能更有保障，所以「眾籌」可以幫助您騎驢找馬是也！

在「眾籌」的過程中，你不僅能籌到資金，更能籌到人才、智慧、經驗、資源、技術、人脈等多方面的支持和幫助。無論你是普通人，還是頂尖人物，只要你有想法、有創造力，都能在眾籌平台上發起提案集資，因為眾籌平台就是一個實現夢想的舞臺。

為什麼以前要做這些事很難，但現在很容易，因為現在有了網路（互聯網）加上募資，就有了眾籌這樣的機制。同時也是大眾供需的大勢所趨。從根本來說，「眾籌」的出現有其現實基礎：一方面，投資人有對投資項目的需求，另一方面，初創事業也有籌錢、籌人、籌智、籌資源的需求，兩者對於提供媒合的眾籌平台有著強大需求。同時，平台方面也可以透過幫助創業提案融資成功而賺取佣金，因此平台建構方面有此需求，也有動力。

正是這種多方需求，促成了「眾籌」的誕生，並催生其

發展迅速，可謂大勢所趨。眾籌雖然順應了趨勢，能為多方創造利益和價值，但只要是投資，就必然存在著風險。「眾籌」仍存在著退出機制不完善、政策尚未明朗、缺乏有效的監管機制、公眾認知度低等風險，這些都在一定程度上影響群眾的判斷與大家對「眾籌」的信心。

作為新興商業模式，「眾籌」具有「集眾人之智，籌眾人之力，圓眾人之夢」的屬性，越來越多人都想從中分一杯羹，在「眾籌」飛速發展之後，必將是大規模的「蜂擁而至」，這勢必使得「眾籌」的形式與發展更加地複雜多變。

然而不可否認的是，政策在開放、法規在健全、平台以及投後的管理工作也在逐步地完善。因此，有「道」：大勢所趨，有「術」：利他共贏，「眾籌」勢必會往更良性的方向發展。

巧用「眾籌」，就能同時能找市場、找團隊、甚至能測水溫，更可以找出社群，融入社群，甚至從社群中找出你的團隊成員，也可以讓社群發揮「六眾」（眾籌、眾扶、眾包、眾持、眾創、眾銷）的力量，乃至於「N眾」。當你欠缺「 」，就可眾「 」，你所欠缺的一切資源在網路上找就對了！

4 眾籌：為你借到你想要的力

　　有很多人都以為，想要創業的話，一定要準備很多資金，才能夠開得了公司、生產出產品。其實，這樣的想法已經過時了，在這個年代，只要你有一個好的 Idea，透過眾籌，就能幫你籌到資金、招到人才、整合資源！

　　你的身邊可能有這樣的一群人，他們腦袋靈活，點子特多，總是能策劃出一些好的提案，但由於缺乏資金、融資困難，夢想經常最後成了空想；你的身邊或許還有另外一群人，他們手裡有一定的資金，想要投資一些好的標的，卻苦於找不到屬意的那一個。不用擔心，眾籌平台將成為「好點子」和「新台幣」的紅娘，能為兩者牽線媒合，促成雙贏。

　　「眾籌」從字面上來看，指的就是「籌集眾人的力量」，臺灣稱為「群眾募資」（Crowd-funding），也就是向群眾募集資金，目的是作為實行提案或是推出產品或服務的一種融資方式。是目前在中國大陸最熱門的學習項目，它是一種群眾募資募資源的概念。當一位創業家想要創辦公司、或提升規模、量產產品，但是缺乏資金的時候，他可以設計出一個籌措

資金的方案，並且讓參與投資的人獲得一些回饋（例如產品或分紅）。

中國大陸最大的眾籌平台是京東眾籌和淘寶眾籌，台灣最有名的眾籌平台就是 FlyingV，但根據台灣的法令規定，FlyingV 不能做股權眾籌，所以台灣眾籌最大的前二名，一是 FlyingV、二是嘖嘖都只能做捐贈眾籌和回報式眾籌。

捐贈眾籌是你有什麼好的理想或 idea，請大家捐錢，以成就你的夢想。回報式眾籌可以說是賣東西的另一種方式。根據我們的統計所有眾籌案中做回報式眾籌的有百分之六十五，很多「創業」者其實不缺錢，但也來眾籌，目的其實是行銷！什麼叫回報式眾籌呢？就是你寫個企畫案，向你想募資的人說：「我有個 idea，你贊助我錢，將來我會給你多少產品」，其實就是在賣你的產品，只是目前還沒有產品，將來會生出來。

若你的公司真正準備要上市上櫃，就要做股權眾籌。台灣的法令很嚴格，規定股權眾籌必須要有輔導上市上櫃經驗的證券商來執行，意思就是說台灣的政府認為你要做股權眾籌的時候，就表示你已經準備要上市上櫃了。那我們就來借這個力，直接來辦股權眾籌，股票就很容易上市上櫃了。

你要成為行業裡的首富你必須要上市，因為只有股票上市你的公司的價值才能得到衡量。因為你的公司上市了……只要把公司每年的預期收入列出來，那麼市場上就會把你未

來幾十年的收入貼現，貼現成你現在的股價，你就有可能成為首富，可是你銀行裡並沒有那些錢，你手上只是有這些股權，你也不能賣，因為你賣股票的消息一旦傳出去，你就不是首富了。試想如果你聽到郭台銘在大賣鴻海的股票，市場一定會緊張，那他就不是首富了。鴻海目前的股價接近九十元，若市場傳聞郭台銘在大賣股票，股價可能就會大跌到三、二十元，那他就不是首富了。

很多小人物、素人、上班族會覺得創辦一上市上櫃的公司，那簡直是天方夜譚，似乎是不可能的。但在目前的環境下，是很有可能的，你可以寫一個眾籌案，然後放到股權眾籌平台上，那這個企畫案要怎麼寫呢？你可以參考我的著作《為什麼創業會失敗》裡面有全台最棒的企畫案，也為我當年的創業募得了好幾億的資金。寫好商業計畫書並放在股權眾籌網站上，你就正式進入了上市上櫃的啟動階段。

在「眾籌」模式裡，主要由「提案發起人」、「提案贊助人（投資人）」與「眾籌平台」三方所構成。「提案發起人」多數是指擁有創造能力卻缺乏資金的人，也就是「資金的需求者」，例如：設計師、藝術家、小企業家或者自由工作者。「眾籌」使獨立創業者能以小搏大，小企業家、藝術家或個人都能對社會展示他們的創意，爭取群眾的關注與支持，進而獲得所需的資金援助。

不過，在諸多眾籌平台的實際運作上來看，眾籌提案的

發起人並不僅僅只限於這類型的人，特別是公益取向提案，其發起人在身分與理念上，更是經常顛覆眾籌最初給人的概念。

然而無論是什麼身分，眾籌平台上的提案發起人或組織通常都具有一個共通點，那就是──他們多數都只是「草根」（也就是普通人），但他們擁有創意與獨特的想法，透過個人的魅力與善念，他們感動並引導了更多的贊助者或粉絲支持自己的提案，除了贊助之外，更一起成功完成了創業計畫。總體來說，眾籌平台就是一個實現夢想的舞臺，無論你是普通人，還是既有的公司老闆，只要你有想法、有創造力，都可以在眾籌平台上發起你自己的提案來募資。提案的支持者主要是一般大眾，他們沒有太雄厚的財力，但手上的錢一樣可以根據個人喜好而進行贊助，更不用說眾籌平台上的提案往往也受到各創投公司極大的關注，一個好的眾籌案如果獲選為投資標的，那麼提案發起人再也無須擔憂資金與資源從何處而來了。

相對於傳統融資方式，「眾籌」更為開放，並且具有門檻低、提案類型多元、資金來源廣泛、注重原始精神等特性，為更多小本經營及創作者提供了無限的可能，眾籌除了籌錢之外，還能幹嘛呢？眾籌發揮到極致，則不只可以籌錢，還能籌人、籌智、籌勢、籌設備、籌通路、籌媒體、天地之間，無所不籌！

眾籌的主旨就在於藉由各界的贊助與支持，讓對你的提案、

產品或服務有興趣的群眾或者創投，幫助你更快地實現夢想。

巨剛（老巨）是位著名的產品概念設計師，畢業於西安美術學院，一直從事與酒相關產品概念的設計工作，他打算透過眾籌的方式推出一款有情懷的產品——「巨剛眾酒」，這是他第一次嘗試進行酒類的眾籌案。

當他把這個想法告訴朋友的時候，幾乎身邊所有人都認為這個眾籌案不會成功，本來信心滿滿的巨剛心裡也開始動搖了。在仔細思索、認真分析之後，他在網頁上的宣傳文案上特別提出了「微醺」的概念。

在他看來，純手工釀製、黃酒、哥窯裂片釉等要素都是為了達到「微醺」狀態，「微醺」才是喝酒的最佳狀態，而黃酒是最容易達到微醺的酒種。他透過自身的「手藝」和產品設計上的優勢來吸引共同興趣的人，這些人不一定酒量特別好，所以強調的是「微醺」的程度，巨剛認為這才是個人消費酒類產品的終極訴求。

完成提案策劃之後，巨剛找上中國最具影響力的眾籌平台——「眾籌網」。巨剛將提前策劃好的宣傳文案放到了眾籌網上，設定的籌資目標為 99,000 元（人民幣）。在提案說明裡，巨剛詳細列出了給贊助者的回報方案：

◆支持 99 元，送純手工釀造陳年紹興黃酒 1 瓶（1 斤裝）。

◆支持 594 元，送純手工釀造陳年紹興黃酒 1 瓶（1 斤

裝），獲贈老巨圍爐煮酒雅集名額 1 個。

◆支持 2,940 元，送純手工釀造陳年紹興黃酒 30 瓶（5
箱），獲贈老巨圍爐煮酒雅集名額 5 個，為您私人訂
製個性化封酒籤。

◆支持 11,880 元，送純手工釀造陳年紹興黃酒 120 瓶
（20 箱），為您私人個性化封酒籤，老巨會為您組織
一場 20 人以內的圍爐煮酒雅集。

最終，令巨剛沒有想到的是，到提案結束時他共募集了
179,883 元，超額 182% 完成了目標！

以往，囿於資金、資源的種種限制，多數人的夢想只是
他自己的夢想，不是胎死腹中，成為一場空；就是艱難啟程，
卻鎩羽而歸。然而眾籌卻展露出了人人可參與的強大力量，
在眾籌平台上，你的夢想同時也成為一群人的夢想。

「巨剛眾酒」的案例讓我們更直觀地瞭解什麼是眾籌，
以及眾籌的運作方式，從中也看出相較於傳統「高、大、上」
（意指高端、大氣、上檔次）的融資模式，眾籌更像是「草根」
與「草根群」、「草根」與「創投」之間的互動——用一群
草根的力量來支持一個草根的夢想、用創投的力量來支持一
個草根的夢想，這種帶有情感面的投資方式使眾籌有了更多
的人參與。透過眾籌，提案發起人不但籌募到了所需資金，
還能與參與者有效互動，這種互動就是一種市場調查，不但
可以促使發起人更好地完善他的產品，還能有效規避因發起

人不完整的企劃而可能帶來的風險與資源浪費。

眾籌的募資基本上可分為以下兩種方式：

✓ All Or Nothing：於期限內未達成募資目標門檻，則不能獲得資金。

✓ Keep It All：無論募資目標門檻是否達成，都能獲得最後所募得的資金。

在臺灣，目前的群眾募資平台除了「we Report」以超過募資目標一半以上則視為成功，失敗案件亦不退款，而由平台統籌分配於其他專案之外，眾籌平台多採「All Or Nothing」（全有或全無）的方式募資。

群眾募資的四個類向

無論是提案發起人還是贊助人，在開始投入眾籌之前，首先需要清楚眾籌平台的分類。據歐盟群眾募資網（European Crowdfunding Network），群眾募資可分成以下四種類向：

類型	定義	可能發起人	募資對象
股權式眾籌（Equity）	民眾提供金錢給組織或專案，以換取股權。	企業家、新創事業、企業所有人	投資人、股東
債權式眾籌（Lending）	民眾提供金錢給組織或專案，收取利息或換取財務報酬或未來的利益。	創業者、發明者、新創事業、企業所有人	投資人、企業家
回報式眾籌（Reward）	民眾贊助提案人的專案，以換取有價值非財務的報酬。（如：商品與服務、紀念品等）	發明者、電影製作人、音樂工作者、藝術家、作家、非營利組織等	粉絲、特定愛好者、慈善家
捐贈式眾籌（Donation）	民眾捐贈金錢給組織或專案，並不講求實質上的回報。	非營利組織、特殊事件（天災、人禍等）組織者	慈善家、重視社會議題者、相關團體或個人（如受助者家屬等）

❶ 股權式眾籌

　　最主要的眾籌類向是「股權式眾籌」，「股權式眾籌」指的是透過網路，投資人對提案進行投資，並獲得一定比例的股權，即投資人出錢，發起人讓出一定的股權給投資人，而投資人透過出資入股公司，獲得未來收益。

　　例如，你想開一間公司，但是缺乏資金，你就可以將眾籌提案或者創業計畫書寫好，使投資人認領，成為你的股東。

　　以往的公司股東都是創辦人的親朋好友，而且往往只是掛名，真正出資的人其實是創辦人及其父母親，他人沒有出資，市面上很多小公司都是如此。但是股權式眾籌真的可以

使提案人找到一群股東出資，並且法令上能保障雙方。

思考一下，世界上的超級富豪是如何產生的？全是靠股票上市，無一例外。意思是，股權式眾籌而來的公司在未來有上市上櫃的可能，如果你創辦了一間公司，你是原始的持有者，未來當這個公司擴大時，你持股的價值就會相當高。

舉例來說，鴻海的創辦人郭台銘身價兩千億，那麼他的存摺上真的有兩千億嗎？沒有，因為郭台銘創辦了鴻海科技集團，他擁有非常多張鴻海的股票，那些股票的市值多少，媒體就會估算他的身價是多少，因為股票市場會將未來所有的收入都「貼現」。

臺灣的股權式眾籌平台在歷經多次研討後，終於在 2015 年 7 月 10 日正式啟動，臺灣因此成為全球第七個，亞洲第二個可以實施股權式眾籌的國家。

同時，智慧財產也能歸納到股份裡。目前臺灣的股權眾籌平台主要為由「元富證券」與「第一金證券」取得金管會首批核准股權式群募平台，二者都可協助企業上市上櫃。「非原始證券商」則由「創夢市集」拔得頭籌，另外櫃買中心營運的「創櫃板」，2015 年增加民間企業經營此類平台的法源，讓募資管道更為多元，三種股權募資平台分別是創櫃板、證券業者經營的平台及網路公司經營平台。

而中國大陸的股權眾籌平台於 2011 年開始出現，分別是最早的「天使匯」和「創投圈」。2014 年至 2015 年，平台

數開始爆增成長，至今共有 70 家股權眾籌平台，其中不乏大企業的投入，如「阿里巴巴」與「京東」等。

❷ 債權式眾籌

「債權式眾籌」指的是透過網路，投資人和籌資人雙方按照一定利率和必須歸還本金等條件出借貨幣資金的一種信用活動形式。也就是投資人是貸款人，籌資人是借款人，投融資雙方通常會約定借款種類、幣種、用途、數額、利率、期限、還款方式、違約責任等內容。

「債權式眾籌」通常是籌資人在網路上尋找投資人，並承諾給予投資人高報酬，對雙方來說都有風險。如果你是投資人，會擔心公司是否有倒閉可能，如果你是公司老闆，會擔心投資人是否為黑道人士，因黑道人士專門尋找獲利率 30% 以上的公司投資，如果籌資人無法兌現當初承諾的獲利率，就有人身安全上的危險。

舉例來說，假設我想開一家公司，但是需要 1,000,000 元，我就將創業計畫書寫得洋洋灑灑，將公司介紹說得天花亂墜，我把 10,000 元設為一個單位，找到 100 個人願意借我，那麼我的公司就可以順利成立。同時，我向這 100 人保證 3 年之後事業成功了，我將還每個人 15,000 元，這就是「債權式眾籌」。

「債權式眾籌」在中國大陸已實行兩年多，結果卻是倒

掉的公司數量超過一半，並且很多人都是一開始蓄意騙錢，也就是在剛開始時，募資人就沒有打算要還錢或成立公司。而且眾籌當中有一種「超額」機制，假設眾籌的目標資金是 1,000,000 元，最後卻募資到了 1,000 萬元，募資人就有捲款潛逃的可能。因此，要等上一年、兩年之後，募資人才會還你 1.2 倍、1.5 倍的金額，一般來說沒有絕對實現的機會，因為募資人當中，有一些早已經逃跑了。

「債權型眾籌」成功的關鍵在於風險控管能力，但是如上述，其實風險無法控管，因此建議讀者們根本不考慮嘗試「債權式眾籌」。

❸ 回報式眾籌

「回報式眾籌」指的是透過網路，投資人在前期對提案或公司進行投資，以獲得產品或服務，即我給你錢，你回報我產品或服務。回報式眾籌是目前主流的眾籌模式。

臺灣於 2012 年出現「嘖嘖」與「flyingV」等眾籌平台，很多人對眾籌此一全新融資方式並不是非常瞭解，甚至將「回報式眾籌」與團購混為一談。

「回報式眾籌」與團購本質上的區別在於，團購是傳統商業模式，指的是先將產品或服務製造出來，等到進入銷售階段時，為了提高銷售業績而進行的集體購買。

但是「回報式眾籌」則是在產品或服務尚處於研發設計

或者生產階段時，就進行預售，目的是為了募集啟動和營運資金。同時，也會在這個過程中收集一些早期用戶的需求，對產品進行測試。「回報式眾籌」具有產品或服務不能如期交貨的風險。

臺灣過去比較興盛的眾籌商業模式均是「回報式眾籌」，投資人先贊助籌資人多少錢，籌資人之後就給投資人多少產品。

例如，我想出一本書，就可以在網路上放上眾籌案，說明我在書中將會收錄哪些內容，如果你贊助 500 元，等書出版之後就寄給你 2 本，如果你捐 1,000 元，等書出版之後就寄給你 5 本，贊助萬元可於書中做廣告等贊助案型，將我的募資條件完整地列出來。當我募資過了資金門檻，我就能夠順利出版書。同時，我更可以再發一封 e-mail 詢問贊助人是否願意參加我的新書發表會，如果願意，則可以依照贊助金額排定座位順序，一舉多得。

④ 捐贈式眾籌

「捐贈式眾籌」指的是透過網路，投資人對提案進行無償捐贈，不要求任何回報，也就是投資人給募資人金錢，募資人什麼都不用給投資人。

「捐贈式眾籌」實際上就是做公益，透過眾籌平台來募集善款。這類眾籌多數帶有公益色彩，往往適用於慈善活動。

　　舉例來說，筆者的著作《微小中的巨大》裡提到了徐超斌醫師，徐超斌醫師非常偉大，因為台東市有大醫院，但是知本溫泉以南的台東是沒有醫院、也沒有診所的，那裡有四個鄉鎮，卻沒有任何醫生，只有衛生所。衛生所醫師的薪水是 8 萬元，一般在都市執業的醫生薪水，檯面上是 20、30 萬元，實際上可能是 40、50 萬元，誰會願意去台東一個偏僻的地方當衛生所的醫生，月領 8 萬元呢？然而徐超斌醫師卻願意長駐當地。

　　南迴地區（臺東屏東間）的車禍致死率為全台之冠，每 40 件車禍事故就有 1 人死亡，主要幹道「南迴公路」可說是可怕的死亡公路，長達 100 公里卻沒有任何一家醫院。鄰近的居民共有二萬多人，對資源匱乏的他們來說，跋山涉水的就醫過程難上加難。因此徐超斌醫師的心願是蓋一座南迴醫院，筆者因深受感動也協助贊助，這就是不求回報的捐贈式眾籌。

　　總結來說，「股權式眾籌」是投資人成為募資人的股東，而「債權式眾籌」則只是投資人借錢給募資人，「捐贈式眾籌」是投資人單純捐錢給募資人，因為募資人的眾籌案符合公益性，「回報性眾籌」則是與商業結合，募資人有一個商業計畫，等募資完成之後，募資人可以送投資人物品或服務。

　　眾籌是將你的計畫、你的夢想在網路上提出，然後群眾有錢出錢、有力出力去幫助你完成的融資方式。眾籌突破了

傳統商業模式的束縛，實現了「集眾人之籌、籌眾人之力、圓眾人之夢」的效果，但是你仍需要透過現有的網路平台進行，如果你自己去設立一個網站進行眾籌，那麼這個力量與知名度都可能沒有足夠的影響力。

成功的眾籌案能使人有參與感、榮譽感、自豪感，但是眾籌不能保證誰百分之百成功，但是即使失敗了也沒有損失，因為你的失敗在虛擬世界，即便沒有人關注你的眾籌案，也能得知你的產品或服務在市場上的反應並不如你自己預期中的好，可點醒自我感覺良好的創業者。

5 如何讓創投對你有興趣？

你知道你為什麼要去眾籌平台嗎？

因為那些創投（風投、天使們）他們也在看眾籌平台的網站，他們若是看到你的企劃案不錯，他們就會來找你，這提供了一個非常重要的媒合管道。以往創業者或是小公司，要找到 VC 找到創投，找到天使，那根本非常困難，而他們也看不到你（創業者），而現在有個眾籌平台，當你想眾籌你就把你的企畫案放在眾籌平台上，若是這個案子寫得很吸引人，那麼創投就會主動找上你，他就會請你去簡報你的事業計畫。

要向創投募資，一定要把「商業計畫書（business plan, BP）」完整寫出，先評估自己是否已準備好創業，是否可以說服創投投資。千萬不能空有產品，卻不知道如何賣產品，不知道如何賺取營收，這樣是很難說服創投投資你的。

向創投簡報時的重點一定要包含這六大方向：公司簡介、經營團隊、產品介紹、業務規劃與市場分析、個人及事業簡史 / 預估財務概況和募資計畫、預計投資人退場的時機。賠錢

的生意沒人做，否則很難贏得投資人的關注，投資人的腦袋裡只有一句話：「怎麼樣能在短、中期內大賺一筆？最好在三到七年內就能荷包滿滿！」因此募資簡報必須再三強調投資人為何能夠發財，意即擬定適當的進退場機制。你必須防範簡報中冷不防的一句「你的公司什麼時候開始賺錢？」。

為何所有的潛在投資人都如此看重商業計畫書的內容？原因很簡單，因為商業計畫書往往包含創業家的想法與實際達成目標的做法，是各位向創投尋求投資的最重要橋樑。

募資簡報的重點

向創投（風投、天使們）作募資簡報時，邏輯上要包含以下七點

1. Business Overview & Financial Overview　公司的業務概況及財務概況

一句話概括公司的業務內容。概括客戶目前是如何應對這個問題的，證明你的價值主張能夠幫助客戶更好地解決問題，表明你的產品的立足點。創投最重視、最想要看到的是創業者的「獨特性」。這個市場很大，產品也很棒，但為什麼是你做？你一定有很多特別的地方，例如有專利、技術比較強、有厲害的策略夥伴、手上有資料，或者有深厚的產業knowhow……。

然後列出損益表、資產負債表、現金流量表……等現在

的與（預計）未來的財務表格。說明財務規劃與預測、投資者的退場機制（風險管理）

2. Management Team & Business Model　管理團隊與商業模式

團隊介紹盡量用文字列出相關資歷或機構名稱，團隊資歷的重點也不是學校或機構本身，而是這些經歷是不是真正對現在的事業有幫助。

創業者需要想清楚自己的獲利模式是什麼，賣產品還是賣服務？月租還是賣斷？簡短描述商業模式：定位、合作夥伴為何要跟你合作、獲利方法為何？這些都需要向創投分析。因此要把自己的商業模式想清楚，而不能只想自己的產品，還要把商業模式最壞的狀況跟最好的狀況都表述出來。

3. Your Product & Market　你的產品與市場

說明你的產品（元素、功能、特性、結構、知識產權等方面）及研發路線。創投要看的一定是這個產品或服務可以為你的客戶創造多少利潤、節省多少成本、省下多少時間？這些都是量化的資料。很多創業者提出的簡報中常對自己的項目有很多美好的描述，但缺乏量化的數據佐證。

詳細說明目前市場的趨勢。創投也很在乎創業者對於市場的實際計算與預估，包括潛在市場、目標市場、以及「可獲得的市場範圍」，即你的產品實際可以服務到的市場範圍，這要考慮到競爭、地區、分發、銷售通路等其他市場因素。

分別在哪裡以及規模大小等等，這也是許多創業者常常在簡報時忽略的部分。

4. Competition & Barriers to Entry　競爭策略與市場進入障礙

列出你的競爭對手與列出你的競爭優勢，向創投提出對市場與競爭者分析、能勝出的優勢說明，也是很重要的。先從哪個細分市場進入，更好一點也可以提出逐步切入哪些市場。這是展現執行和規劃能力的重要資訊。

5. Niches & Strategic Relationships　利基與核心競爭力

利基（niche）是指對企業的優勢細分出來的市場，有利潤而又專門性的市場。核心競爭力或是事業門檻，也就是哪些要素是讓模仿者或後進者很難複製的，但這對投資人而言很重要，若是正式的募資簡報，這會是關鍵資訊。如果沒有時間講，那也得準備好答案。

從增加市場接受度（Traction）到市場擴張的發展模型是如何建立的，以及從地理位置到通路策略、代理商怎麼找、找誰，行銷策略與發展規劃都需要對創投提出一個完整的方案。

6. Capital & Valuation　資本與價值

「募多少錢」也很重要，新創公司要向創投說明募資金額的原因與計算，這就回到前一個關鍵字提到的財務報表，創業者要去算出錢要花在哪裡、這筆錢要用多久。這些都是

在向創投募資時，創投想要知道的，創業者不能等到創投問了才去想。

新創公司的「評價」（Valuation），valuation 其實是有階段性的，每個階段達到了才會有那個價值，因此創業者一定要階段性的設計 valution（自己的估值），如果創業者對自己的 valuation 沒有想法，那麼創投也會很擔心。

募得的資金用途合理性、未來資金規劃。創業家不必證明自己一定會成功，只要能證明自家公司值得投資即可。

7. Company Logo　公司品牌

介紹公司品牌的特色、定位及策略。

「公司簡介」要明確點出你的新創事業能解決什麼樣的問題。最好還要包含「股本形成」，可以讓創投瞭解公司是否有長遠規劃。「經營團隊」的介紹可以讓創投瞭解創業者是否有不良信用紀錄。「產品介紹」則應包括從技術原理到產品形成到量產上市的規劃，最好能讓創投瞭解研發到規格量產的進度。「銷售計畫」要在有事實根據之假設下的預期收益與成本。如通路、客戶、預算規劃等一定要包含在 BP 內。「市場分析」說明新創事業所處的市場大小，主要在顯現創業者對市場的瞭解程度，對競爭對手了解得越多，投資者會越放心。「財務透明度」是創投評估是否投資的重點之一，確實的財務概況和財務報表及簽證會計師必須要在 BP 內清楚呈現。

要如何吸引創投投資呢？

專業投資人如創投資本家和天使投資人，他們通常在一份簡報中不會維持太久的關注度，通常是 30 分鐘左右。因為他們手邊有太多的商業計畫書的提案需要他們審慎評估與選擇。因此你只能期望擁有連續的 30 分鐘進行簡報。前 20 分鐘闡述你的想法，後 10 分鐘 Q&A 時間，是創投針對以上你的簡報提問，很有可能會問到簡報中尚未提及的層面，更有可能問出你從未想過的問題，所有的問題都在考驗新創團隊解決關鍵問題的臨場反應。這是最理想的狀態，但你永遠都必須做最壞的打算：簡報時間可能遠比想像中的短，因此你必須確保每一頁的簡報都能有力地打動投資人的心。另外你還要準備一段一分鐘的簡短、精簡版，以期一開場就能吸引投資方的興趣。這一分鐘內要不急不徐態度自然地傳遞訊息，想像濃縮一篇募資 PPT 簡報為一小段概述摘要，緊緊扣住對方的心。簡報時要確實遵守以下原則：

- 時間有限，請講重點！
- 不在乎你用的是什麼最新的技術或沒有新技術，只在乎能達到的結果跟別人有什麼不同？
- 團隊成員的組成同質性不宜過高，該具備的專業一定要有。
- 若能當場證明給他看最好。

．產品 DEMO 與投資企劃書最好能先準備好。

．對於市場與產業現況的了解程度絕對影響投資意願。

．你們需要多少錢？占多少股權？預計幾年回收？錢打算怎麼用？

通常創投最喜歡看到怎樣的創業家？答案是對自己的服務、自己的產品很有熱情的人。對創投來說，創業者能夠結合自己的專業以及熱情去創業，那是最棒的。向創投（風投、天使們）簡報時，他們會重視你個人的特質如下，創業家們可以想一想如何在簡報時儘量讓自己展現出這些特質：

Integrity（正直、誠實）

Passion（熱情、激情）

Experience（經驗、曾經做過的事）

Knowledge（一般知識與專業知識、T 型或 π 型為佳）

Skill（特殊方法、技術、巧門）

Leadership（領導能力、領袖特質）

Commitment（堅持承諾的個性）

Vision（願景、眼光）

Realism（現實的態度、不空談夢想）

Coachability（聆聽的能力、表示願意接受指導）

一般來說，「天使投資人」看重的是新事業的願景與他的理念是否相符合，以及對於你和你的團隊，是否有足夠的

信任度，對於投資回報比較沒有那麼計較。因此，你的簡報要重點強化可信賴度，包括你對於這個創業計畫的熱情與堅持態度。而「專業創投」則比較重視是市場規模、成長率、回報率、以及退出／賣出策略。而且，因為他們手上要評估的創業計畫非常多，因此你的簡報必須要在 10 ～ 20 分鐘左右，就要能展現你的特別價值以打動他們投資你。

當你獲得 VC 或創投的認同，你的新創事業就是在用別人的錢來發展、來成長。你是否有聽過閉鎖性公司章程，就是你什麼事都沒做，開了一間公司，你也出資了一些錢，但是 VC 或股權眾籌出了五千萬，你可以說它只佔了 30% 的股權。在以前這是不行的，以前的法令很死，你登記一個公司資本額二千萬，你必須在銀行存有二千萬。有些公司是登記過之後，就把錢領走了。而現在不是，現在是假設公司登記是一億，可能實際只有四千萬，而且那四千萬還可能是 VC 出的，或是從眾籌平台募來的。那你自己憑什麼佔六千萬的股份，因為你的 idea、或是你有原創構想，或是你之前努力了什麼，或是你有什麼關鍵性的技術，最後上市之後就看一股多少錢，然後就能在股票市場自由交易，所以開公司通常都以能上市上櫃為目標。

當 VC 入主之後，他要指導你的部分就是上市上櫃的部分，他不會在你的本業上指指點點，可是 VC 或是輔導券商的目的就是要輔導你上市上櫃。所以他們會建議你做一些動

作，比方說他會勸你更換簽證會計師，因為有的會計師簽證就很容易上市上櫃，有的會計師簽證就不太會過。所以呢，你要有願意接受他指導的意願，你不能要求 VC 或是輔導券商只能聽你的，你不能說他們不能管，因為他們的股份只佔40%，這樣創投就不會想投資你了。

大部分的創投（風投、天使資金），其大部分的投資往往都以失敗告終。那為何大部分的創投仍活得好好的？因為一旦成功了，他就能賺到巨額的財富。

大家要知道只有台灣的股市才有漲跌幅 10% 的限制，美國股市是沒有這個限制的，所以美國那些有名的企業像是之前的 FB、Yahoo 它們上市的時候都是漲了百分之數萬，所以美國才會有黑色星期一，台灣不會有。黑色星期一是指一夜之間所有股票跌了一半，所有的股票市值平均只有上一個交易日的一半。至於到哪個市場去上市，聽 VC 的建議吧！

☑ 關鍵是讓對方覺得你有價值

在你寫你的商業計畫書時一定要寫得讓創投認為你將來非常厲害，非常有價值，創投才會想要投資你。你要為你的新創事業塑造價值，做為一種主張，一種訴求。價值主張和價值訴求其實是同一件事。「Marketing」台灣叫行銷；大陸稱營銷。什麼叫行銷？什麼叫營銷？它的精神是什麼？我用以下 12 個字來詮釋：

第一步叫**價值主張**，即價值訴求，就是你如何為你的產品或服務塑造價值。

第二步是**價值傳遞**。

第三步是**價值實現**。

價值主張 → 價值傳遞 → 價值實現，就這十二個字合起來就是行銷。

你有一個產品或服務、或是個團隊、公司，你有你的價值主張，描述了你的價值訴求之後，透過溝通，將價值主張傳遞給潛在的目標客群，所以，你要做廣告或溝通來傳遞這個價值，最後讓價值實現在客戶和你自己身上（售出你的產品或服務），這也就是共好（客戶擁有產品的價值，而你賺取利潤）。創業家與創投的媒合、合作，不也是照這個「價值主張 → 價值傳遞 → 價值實現」追求共好與互利的嗎？

以下的創投手上都有一個超級棒的賺錢金雞母，即使其他投資案都賠了，沒關係，並不會對其公司營運有什麼影響。

DCM（中國知名風投之一）牛，只是因為美國中概股最耀眼的明星——唯品會很牛。唯品會上市是 DCM 投資很成功的案例。2010 年 DCM 投資唯品會時，唯品會還比較小，而且看好它的人也很少，所以沒什麼人敢投。原因就是因為那時唯品會虧損非常大，不僅在淨利潤上虧損，毛利潤也虧。DCM 董事林欣禾被稱為電商業的投資教父，他看了很多電商，唯品會是他所看到的唯一一家電商商業模式非常不一樣

的。普通的電商都是常態的銷售，就是說它有很多商品擺在那裡，價格比實體店面要便宜，等著消費者來搜索，來比價後下單。但是，唯品會不是這樣的，一是它的東西不是常態的，今天我的產品在這裡看得到，明天可能就沒有了。但唯品會還有一點很不一樣，它抓住了女士們網購時害怕花錢買到假貨的心理，所以它不做 LV 這樣的奢侈品，而是從女性們熟悉的二線品牌入手。限時特價、庫存有限，讓用戶有一種搶便宜的心理。經過比較後，DCM 便在 A 輪投資了這家做特賣的網站。2012 年，唯品會在紐交所掛牌，當時 6.5 美元的發行價並不高，一個月後市值只剩 2 億多美元，這樣的低迷持續了一年多。出乎意料的是後來股價一路飆升，到高點時累計成長了二十多倍，DCM 投資回報了數十倍。唯品會是過去五年裡，給創投機構，二級市場股東帶來的回報率最大，也是最成功的電商公司。

如果你覺得紀源資本很牛，那是因為阿里巴巴錢賺得太多了；如果你覺得雄牛很厲害，是京東賺了很多錢。所以實際上來說，每一筆資金並不是投了一大堆一倍兩倍三倍做了平均。**而是他有一個超級超級棒的投資案，一個案子就把其他的損失洗掉了，所以平均值意義並不大，重點是 VC 有沒有抓到那個接近無限大的公司。**創業家們，下一個就是你了！努力吧！

6 投資方只在意賺不賺錢

　　投資大師巴菲特能夠長期保持出色的投資績效，一方面來自他天賦的生意頭腦，一方面是巴菲特投資時最重視的指標，就是 1. 現金流；2.ROE。閱讀財報時，他最重視現金流量的計算，因為盈餘可以靠估計，但「現金難以捏造」。此外，估計值不能拿來花用，現金才可以。所以當「公司生意興隆，訂單接不完」時，要記住收錢要早（應收帳款回收天數要短），付錢要晚（應付帳款付款天數要適當）。一旦公司的現金花光了，若得不到資金挹注，公司可能就要不保了。

　　一般大家說的 ROE 就是淨利除以股東權益，而以下的公式是我對 ROE 所做的詮釋：

$$ROE = \frac{淨利}{股東權益} = \frac{淨利}{營收} \times \frac{營收}{股東權益}$$

$$= \frac{淨利}{營收} \times \frac{營收}{資產} \times \frac{資產}{股東權益}$$

= 利潤率 × 資產效率 × 財務槓桿

所以以這個公式的最後結果來看，巴菲特最重視的不外乎是：

1. 利潤率、2. 資產效率、3. 財務槓桿。

你想成功，你想賺大錢，你想創業你就一定要重視這三點。

第一點就是利潤率（毛利率），請不要再做那些「毛三到四」的產業。什麼叫做「毛三到四」？就是毛利率在3%～4%之間。大家都知道鴻海的營收很可觀，是以兆為單位，有4～5兆之多，但它的股價卻遠不及台積電，這是為什麼呢？因為鴻海的毛利率太低了。

那麼，利潤率高的工作、產業是什麼呢？答案是資訊型產品！**資訊型產品的利潤率最高。**

「資訊型產品」是指無形產品，例如：某種 idea、某種想法、某種知識、某種理念。其實就是 IP 是也！

第二點就是要注重資產效率。資產效率是你用多少資產去創造多少營收。舉例說明，和運租車這類的產業就是在強調你以後都不用再買車，而是用租的就好，租車的支出叫費用；可是買來的車叫資產。如果你的辦公室、車子、設備都是用買的，那麼你的資產就會越多，你投入這麼多資產卻只產生這一些營收，代表你的資產效益很爛，所以如果你能以很少的資產產生很多的營收就代表你的資產效率非常好。所以我才一直強調要輕資產，能用租的就不要買，所有可以外

包的工作，就盡量外包。

借船要不要付出代價？那個叫做租金，不然人家不可能無償把船借給你。各位知道租船和買船價錢差多少倍嗎？二十五倍。再想想買房和租房差多少倍？大約在三十～四十倍之間。所以千萬不要笨笨地去買房子來創業。甚至連租房子創業我都不建議。很多人都以為創業就是要先去租個地方來創業，這是錯誤的迷思。現在最棒的創業是什麼，就是直接在家運用網路。

那麼第三點財務槓桿呢？所謂的 ROE 就是由**利潤率、資產效率、財務槓桿**相乘而得出來的。而財務槓桿是你有多少股東權益，產生了這些資產，所以最厲害的是眾籌，因為眾籌就是用別人的錢，創業者未出資或是只出一點點的錢，這樣所呈現出來的財務槓桿就會非常高，但是，別人為什麼要出錢給你用呢？……這是不是又是借力呢？別人為什願意拿錢出來給你用？──因為你的創業計畫讓他們感興趣，所以如何寫好你的創業計畫又是一門學問，所以各位不要小看巴菲特，巴菲特強調的 ROE 就是由利潤率、資產效率、財務槓桿相乘而得出來的。任何一間公司平均這三個指標都比別人高，那他的 ROE 就很高，所以巴菲特專門投資這些 ROE 很高的公司。

如果說，「槓桿」是以小搏大的關鍵要素，那麼「借用」就是具體行動。因此，商業上所說的「leverage」其實有兩種

含義，一種是行為上的，一種是資源上的，前者是動詞，後者是名詞。

做好資本運營

資本運營就是企業對所擁有的資本進行優化與運營。所謂「資本」不單僅指狹義的「資金」，還包括以下內容：

1. 實物資本　　　　2. 無形資本
3. 組織資本　　　　4. 土地資源
5. 企業產權　　　　6. 流動資本

企業經營偏重於微觀的經營管理，而資本運營重視宏觀的籌劃與管理。

資本運營的目標，就是籌資後實現資本最大限度的增值。
資本最大限度的增值表現在以下三個方面：

❶ 利潤最大化

在資本運營中，企業為實現資本最大限度的增值，就必須增加收入並降低成本，而且要注意：

· 不僅要注重增加當期利潤，更要注重增加長期利潤；

· 不僅要注重增加利潤額，同時要注重提高利潤率；

· 不僅要增加自有資本利潤率，而且要考慮到全部資本（包括自有資本和借入資本）的利潤率，以利未來的再籌資及企業形象。

❷ 股東權益最大化

股東權益，是指投資者對企業淨資產的所有權，包括實收資本、資本公積金、盈餘公積金和未分配盈餘。

企業期末股東權益總額與期初股東權益總額對比，兩者之差即為本期股東權益增加額。

本期股東權益增加額／期初股東權益總額＝本期股東權益增加率（ROE），

這是評估一個公司是否值得投資的最重要 KPI。

❸ 企業價值最大化

企業價值的評估，是指企業在永續經營的情況下，將未來經營期間每年的預期收益，用適當的折現率貼現、累加得出的一估值，據以估算出企業價值。

如果企業價值大於企業全部資產的帳面價值，那麼企業就增值，反之，企業就貶值了。

將企業價值減去企業負債後得出的數值與企業股東權益的帳面價值相比較，如果前者大於後者，表明企業的資本已有所增值。

企業資本運營的三個「最大化」是相輔相成的法則。

只有實現利潤最大化，才能實現股東權益最大化，進而

實現企業價值最大化。

在創業初期或企業要進入更高的台階時，資金募集是資本運營的前提與最重要的課題！

商業社會雪中送炭者少，錦上添花者多！好好研究規畫你的眾籌案吧！眾籌成功之後，諸 VC 們往往也會紛至沓來，然後上市上櫃也就不遠了！誰說行業內的首富是個夢呢？

★ 借力使力最佳導師 ★

　　王擎天博士為兩岸知名的教育培訓大師，其所開辦的課程都是叫好又叫座！他既能坐而思、坐而言也會起而行，有本事將自己的 Know how、Know what 與 Know why 整合成一套大部分的人可以聽得懂並具實務上可操作性極強的創富系統，是您最佳的教練與生命中的貴人！

　　王博士在大陸所舉辦的課程更是一位難求，轟動培訓界！能有這樣大的熱烈反應與回響，歸因於大陸學員相比台灣學員學習態度好、求知欲旺盛，即使是農村小城市不乏求知若渴的準知識份子，怕自己所學不足，渴望學習，其拚搏精神不容小覷，導致其大陸課程班班爆滿、場場轟動！大陸培訓界的名師都有收弟子的慣例，束脩動輒幾十萬人民幣甚至百萬以上，仍有不少人趨之若鶩。早些年每每王博士上完課總有一些大陸學員要求王博士收其為弟子，但他總是婉拒。一來是因為王博士並沒有常駐中國，二來是他身為台灣人，覺得若要收弟子也應以台灣人為優先。

2017 年美國進入川普時代，
種種跡象也顯示了 2017 是中國超越台灣的一年

- ✅ 中國藍領月薪突破 22K 超越台灣基本工資
- ✅ 第三方支付 · 行動支付的機制全面普及，中國超越了台灣
- ✅ 大陸高新技術產業及 IC 設計產值將超越台灣

　　令王博士萌生了想收弟子的念頭，他想盡棉薄之力，將其畢生所學、智慧及經驗傾囊相授，用一己之力振興台灣，不以營利為目的只為傳承！

　　你是否想接受明師一對一的客製化指導？
　　是否想借力致富，想認識商界大老們，打進富人圈？
　　那麼您一定不能錯過值得您一生跟隨的好導師── 王擎天博士！

成為培訓大師王擎天的
嫡傳弟子，就是現在！！

　　好的導師價值連城，可以幫助你和你的事業騰飛，站在巨人的肩膀上登高望遠，踏著成功者的腳步走，用最短的時間學習頂尖高手的成功經驗，在自己的事業舞台上發光發熱！

　　為自己找一個好導師，您就已經成功一半！王擎天被譽為台灣最有學問的學者型企業家＆台版「邏輯思維」大師，是您事業大爆發的最佳助力！

　　在今年 2017 八大明師大會期間（6/24、6/25、7/8、7/9）現場加入王道增智會成為會員者，即可免費成為王擎天大師的終身嫡傳弟子，限收 12 名，弟子們可隨時向王博士請益、求教，接受大師面對面的指導，手把手的全真傳授！醍醐灌頂的啟發、精準的建議和巧妙的引導，讓您的事業一帆風順，並還可能接掌王擎天大師的事業，成為他的接班人。

2017 世界華人八大明師
創業培訓高峰會

6/24、6/25、7/8、7/9
現場加入王道增智會會員者，
免費成為王擎天大師的終身嫡傳弟子！
機會難得！名額有限，敬請把握！

報名請洽 ▶ 新絲路網路書店 www.silkbook.com

窮人自食其力，富人借力使力，
透過團隊借力快又有效率！

小成功靠個人大成功靠團隊！
當前資訊時代，單打獨鬥的成功模式不易，必須仰賴團隊，
互助合作，透過滾動的人脈與資源，讓您借力使力不費力！
借力使力等於速度，借用越多的力量，成功得越輕鬆、越快。

★ ★ 借力使力最佳團隊 ★ ★

王道增智會

　　若想創業致富，開啟新的成功人生，只要在 2017 年
成為「王道增智會」的會員，即可成為王擎天大師的弟子，
王擎天博士成為您一輩子的導師後，不僅毫無保留的傳授
他成功的祕訣，他所有的資源您也可以盡情享用！博士基
於其研究熱情與知識分子的使命感，勇於自我挑戰並自我
突破，開辦各類公開招生的教育與培訓課程，提升學員的
競爭力與各項核心能力，每年都研發新課程，且所有開出
的課程都是既叫好又叫座！王博士在兩岸共計 19 個事業
體，其接班人也將由弟子中遴選，機會可謂空前絕後 !!!

　　「**王道增智會**」的另一重要功能便是有效擴展你的人脈！透過台灣及大陸各省市「**實友圈（王道下屬機構）**」，您可結識各領域的白領菁英與大陸各級政府與企業之領導，大家互助合作，可快速提昇企業規模與您創業及個人的業務半徑。

　　除了熱愛學習者紛紛加入「**王道增智會**」之外，想開班授課或想出版書籍者也一定要加入王道增智會！王道增智會所屬「**培訓講師聯盟**」與「**培訓平台**」以提昇個人核心能力與創富人生、心理勵志等範疇，持續開辦各類教育學習課程，極歡迎各界優秀或有潛質的講師們加入。此外，王擎天博士下轄數十家出版社與全球最大的華文自資出版平台，若您想寫書、出書，加入王道增智會，王博士即成為您的教練，協助您將王博士擁有的寶貴資源轉為您所用，與貴人共創 Win Win 雙贏模式！

優良平台・群英集會，
資源共享，共創人生高峰！

「王道增智會」會員的第一項福利就是
王博士將其往後終身所有的課程一次性地以
「**終身年費、終身上課完全免費**」
的方式送給您了！
您還在等什麼呢？

報名專線：
02-8245-8318

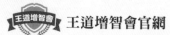

為什麼你還是窮人？創業如何從0到1

創業·經驗·分享 Startup + Experience + Sharing

19世紀50年代在美國加州的發現大量黃金儲量，隨之迅速興起了一股淘金熱。農夫亞默爾原本是跟著大家來淘金一圓發財夢，後來他發現這裡水資源稀少，賣水會比挖金更有機會賺錢，他立即轉移目標——賣水。他用挖金礦的鐵鍬挖井，他把水送到礦場，受到淘金者的歡迎，亞默爾從此很快便走上了靠賣水發財的致富之路。無獨有偶，雜貨店老闆山姆·布萊南蒐購美國西岸所有的平底鍋、十字鎬和鏟子，以厚利賣給渴望發財的淘金客，讓他成為西岸第一個百萬富翁。

每個創業家都像美國夢的淘金客，然而真正靠淘金致富者卻很少，實際創業成功淘金的卻只占少數，更多的是許多創新構想在還沒開始落實就已胎死腹中。

創業難嗎？只要你找對資源，跟對教練，創業不NG！

師從成功者，就是獲得成功的最佳途徑！

不論你現在是尚未創業、想要創業、或是創業中遇到瓶頸

你需要有經驗的明師來指點——**應該如何創業，創業將面臨的考驗，到底要如何來解決——王擎天博士就是你創業業師的首選**，王博士於兩岸三地共成立了**19**家公司，累積了豐富的創業知識與經驗，及獨到的投資眼光，為你準備好創業攻略與方向，手把手一步一步地指引你走上創富之路。

好創意 / 新技術 → 有熱情 → 名師指引 / 團隊支援 → 創業保證成功

2017八大明師創業培訓高峰會

| Step1 想創什麼業？ | Step2 你合適嗎？ | Step3 寫出創業計畫書 | Step4 創業，我挺你！ | 祝！創業成功！ |

你創業我相挺！你想創業嗎？

這是一個創業最好的時代，如今的創業已從一人全能、單打獨鬥的場面轉變為團隊創業、創意創業。每個創業家都像故事中的淘金客，而**王擎天博士主持的創業培訓高峰會、Saturday Sunday Startup Taipei ,SSST、擎天商學院實戰育成中心**就是為創業家提供水、挖礦工具和知識、資訊等的一切軟硬體支援，為創業者提供創業服務。幫你「找錢」、「找人脈」、「對接人才」、幫你排除「障礙」，為你媒合一切資源，提供你關鍵的協助，挺你到底！

2017 SSST 創業培訓高峰會 StartUP@Taipei

活動時間：2017 ▶ **6/3、6/24、6/25、7/8、7/9、7/22、7/23、8/5**

—— **Startup Weekend！ 一週成功創業的魔法！** ——

★立即報名★ → 報名參加 2017 SSST 由輔導團隊帶著你一步步組成公司，
上市上櫃不是夢！雙聯票推廣原價：**49800** 元
早鳥優惠價：**9900** 元 (含 2017八大八日完整票券及擎天商學院
EDBA 20堂秘密淘金課)

★參加初選★ → 投遞你的創業計畫書，即有機會於 SSST 大會上上台路演，當場眾籌！
有想法，就來挑戰～創業擂台與人筆資金都等著你！

初選
投遞你的
創業計畫書

書面審查
評選出 50 名
參加複賽決選

決選路演
在創業競賽大會上
簡報你的創業計畫

**給你一切
的支援**

業師輔導
財務規劃、法律、
行銷等諮詢輔導

資源媒合
現場對接資金、
人脈、媒合人才

**成立公司
上市或上櫃**

這場盛會，將是
**改變你
人生的起點！**

為什麼
創業會失敗？

內含史上最強「創業計畫書」

課程詳情及更多活動資訊請上官網 ▶ 新絲路網路書店

http://www.silkbook.com

國家圖書館出版品預行編目資料

借力與整合的秘密 / 王擎天 著. -- 初版. -- 新北市：
創見文化出版, 采舍國際有限公司發行, 2017.01
面；公分--（擎天商學院02）
ISBN 978-986-271-738-7（平裝）

1.企業管理

494   105023629

擎天商學院02

借力與整合的秘密

創見文化 · 智慧的銳眼

出版者／創見文化
作者／ 王擎天
總編輯／歐綾纖
主編／蔡靜怡   美術設計／蔡億盈

本書採減碳印製流程
並使用優質中性紙
（Acid & Alkali Free）
通過綠色印刷認證，
最符環保要求。

郵撥帳號／50017206 采舍國際有限公司（郵撥購買，請另付一成郵資）
台灣出版中心／新北市中和區中山路2段366巷10號10樓
電話／（02）2248-7896   傳真／（02）2248-7758
ISBN／978-986-271-738-7
出版日期／2017年3月再版5刷

全球華文市場總代理／采舍國際有限公司
地址／新北市中和區中山路2段366巷10號3樓
電話／（02）8245-8786   傳真／（02）8245-8718

全系列書系特約展示門市
新絲路網路書店
地址／新北市中和區中山路2段366巷10號10樓
電話／（02）8245-9896
網址／www.silkbook.com

※本書全部內容，將以電子書形式於新絲路網路書店全文免費下載！

本書於兩岸之行銷（營銷）活動悉由采舍國際公司圖書行銷部規畫執行。

線上總代理 ■ 全球華文聯合出版平台 www.book4u.com.tw
主題討論區 ■ http://www.silkbook.com/bookclub   ● 新絲路讀書會
紙本書平台 ■ http://www.silkbook.com   ● 新絲路網路書店
電子書平台 ■ http://www.book4u.com.tw   ● 華文電子書中心

Ｂ 華文自資出版平台   全球最大的華文自費出版集團
www.book4u.com.tw   專業客製化自助出版 · 發行通路全國最強！
elsa@mail.book4u.com.tw
iris@mail.book4u.com.tw